LE MOT POUR DIRE

LE MOT POUR DIRE

Vocabulaire thématique

Marie-France Merger Leandri

Bordas

Illustrations : Catherine Beaumont
Conception maquette : Emmanuelle Braine-Bonnaire
Mise en page : Linéale Production
Coordination éditoriale : Isabelle Lecharny
Édition : Christine Ligonie
Révision des textes : Stefka Ivanov

ISBN 2-07-730323-0

Présentation

Cet ouvrage propose, classés par thèmes, plus de 4 000 mots usuels de l'italien d'aujourd'hui pour tous ceux qui apprennent cette langue et souhaitent acquérir un vocabulaire pratique et vivant. Il s'adresse aussi bien aux élèves du secondaire (collégiens et lycéens) et aux étudiants de premier cycle qu'aux adultes qui veulent consolider leur connaissance de l'italien ou qui envisagent d'effectuer un séjour plus ou moins long en Italie.

Le vocabulaire est réparti en 40 chapitres, divisés eux-mêmes en plusieurs sous-chapitres d'une page. Cette présentation simple et claire facilite la consultation et permet de retrouver aisément un mot dans un contexte thématique donné. Par ailleurs, les termes sont groupés par analogie (et non par ordre alphabétique ou grammatical) afin de favoriser une mémorisation plus rapide.

Au bas de chaque liste, des encadrés « Pour aller plus loin » ou « Expressions courantes » apportent des informations complémentaires et variées : phrases de la conversation courante, mettant ainsi les mots dans un contexte, tournures idiomatiques, proverbes, remarques grammaticales, éléments de civilisation.

Remarques

- L'illustration : les numéros qui figurent dans les illustrations renvoient aux mots du chapitre suivis des mêmes numéros.
- Les pluriels irréguliers figurent à côté des substantifs ou dans les encadrés.
- Nous ne donnons ici que les formes masculines des adjectifs. Généralement, les adjectifs se terminant par *o* ont leur féminin en *a*, les adjectifs se terminant par *e* restent identiques.
- Abréviations utilisées : *fig.* figuré ; *litt.* littéraire ; *pl.* pluriel ; *m.* masculin ; *f.* féminin ; *fam.*, familier.

Indice – Sommaire

Per salutare | *Pour saluer*

buongiorno	bonjour
ciao	bonjour, salut ; au revoir
buonasera	bonjour (après-midi) ; bonsoir
buonanotte	bonsoir, bonne nuit
come stai ?	comment vas-tu ?
come sta ?	comment allez-vous ?
arrivederci	au revoir (quand on se tutoie)
arrivederla	au revoir (quand on se vouvoie)
a presto	à bientôt
a fra poco	à tout à l'heure
scusami	excuse-moi
mi scusi	excusez-moi
prego	de rien, je vous en prie
prego ?	pardon (je n'ai pas entendu)
permesso	pardon, vous permettez ?
è permesso ?	on peut entrer ?
per piacere	s'il te plaît,
per favore, per cortesia	s'il vous plaît
grazie	merci
grazie mille	merci beaucoup
mi dispiace	je regrette, je suis désolé(e)
attenzione !	attention

POUR ALLER PLUS LOIN

● *Ciao* s'emploie entre amis (tutoiement) et aussi pour dire « bonjour » « au revoir ».

Au téléphone :

Pronto !	Allô !
Casa Rossi ?	Je suis bien chez M. Rossi ?
Sono Antonella Bianchi.	Ici Antonella Bianchi.
Chi parla ? Con chi parlo ?	Qui est à l'appareil ?
È la signora Rossi ?	C'est Madame Rossi ?
Sì, sono io.	Oui, c'est moi-même.
Dica / Dimmi. (vous ou tu)	J'écoute.
Vorrei parlare con Maria.	Je voudrais parler à Maria.
Chi la (lo) desidera ?	C'est de la part de qui ?
Rimanga in linea.	Ne quittez pas !
il centralino	le standard
l'interno 32	le poste 32
il prefisso	l'indicatif

● On dit : ***Attento, Francesco !***	Attention, Francesco !
Attenti, ragazzi !	Attention, les enfants !
Attenta, signora !	Attention, Madame !
Attente, ragazze !	Attention, les filles !

Chiedere e rispondere | *Demander et répondre*

come ?	comment ?
perché ?	pourquoi ?
perché	parce que
cos'è ?	qu'est-ce que c'est ?
(che) cosa… ?	qu'est-ce que… ?
che cosa c'è ?	qu'est-ce qu'il y a ?
dove ?	où ?
chi ?	qui ?
che ?	que ; quel ?
quale ?	quel, lequel, laquelle ?
quanto ? quanti ?	combien ?
quanta ? quante ?	combien de ?
vero ?	n'est-ce pas ?
sì	oui, si
no	non
non so	je ne sais pas
d'accordo	d'accord
bene !	bon ! bien !
va bene	d'accord, OK
molto bene, benissimo	très bien
certo	bien sûr
certamente, senza dubbio, ovviamente	évidemment, sans aucun doute
è ovvio	c'est évident
forse	peut-être
può darsi	c'est possible
piuttosto	plutôt
o, oppure	ou, ou bien
neanche, nemmeno	non plus, même pas
invece	au contraire, en revanche
non importa	peu importe, ça ne fait rien
è lo stesso	c'est la même chose
per me fa lo stesso	ça m'est égal
(che) peccato !	(quel) dommage !
meno male !	tant mieux ! heureusement !
per fortuna !	heureusement !
sfortunatamente	malheureusement
pazienza !	tant pis !
infatti	en effet
in effetti	en fait

POUR ALLER PLUS LOIN

- ***Che*** est invariable et plus courant que ***quale*** :

Che lavoro vuoi fare ?	Quel travail veux-tu faire ?
Che film hai visto ?	Quel film as-tu vu ?

Le pluriel est utilisé dans :

Che ore sono ?	Quelle heure est-il ?

- ***Quale (Quali)*** signifie « lequel/laquelle (lesquels/lesquelles) » :

Di queste maglie, quale vuoi ?	De ces pulls, lequel veux-tu ?

Il peut être également adjectif interrogatif « quel(le ») ; on l'utilise lorsque la question porte sur la qualité ou sur l'identité :

Mi scusi, in quale città ha avuto la nomina ?	Excusez-moi, dans quelle ville avez-vous été nommé(e) ?

1

Io e gli altri

Moi et les autres

L'identità | *L'identité*

chiamarsi	s'appeler
come si chiama ?	comment vous appelez-vous ?
come ti chiami ?	comment t'appelles-tu ?
mi chiamo…	je m'appelle…
il cognome	le nom de famille
il nome	le prénom
il cognome da ragazza	le nom de jeune fille
l'età	l'âge
il sesso	le sexe
la nazionalità	la nationalité
sono italiano	je suis italien
sono francese	je suis français
straniero (1)	étranger (au pays)
forestiero	étranger (à la ville, à la région)
il domicilio	le domicile
l'indirizzo	l'adresse
abito a Firenze	j'habite (à) Florence
il numero di telefono	le numéro de téléphone
il numero di cellulare	le numéro de portable
la carta d'identità	la carte d'identité
il passaporto	le passeport
i documenti	les papiers d'identité
data e luogo di nascita	date et lieu de naissance
celibe	célibataire (homme)
nubile	célibataire (femme)
coniugato, sposato	marié
coniugata, sposata	mariée
vedovo, vedova	veuf, veuve
signore, signora	monsieur, madame
signorina	mademoiselle
la firma	la signature
firmare (2)	signer

POUR ALLER PLUS LOIN

- Pour demander l'âge de quelqu'un on dit :
Quanti anni hai ? Quel âge as-tu ? – Réponse : ***Ho quindici anni.,*** J'ai 15 ans.
- L'article défini est obligatoire devant ***signore, signora, signorina***, sauf si l'on s'adresse directement à la personne :
La signora Conti vive a Milano. Madame Conti vit à Milan.
tout comme dans la phrase interrogative :
Hai visto la signora davanti a me ? Tu as vu la dame devant moi ? ***Sì, signora.*** Oui, madame.
- On utilise également – à la différence du français – l'expression ***signor*** + prénom ou ***signora*** + prénom pour s'adresser à une personne que l'on vouvoie mais que l'on connaît assez bien :
Signora Maria, mi potrebbe fare delle fotocopie ? Madame, pourriez-vous me faire des photocopies ?

L'essere umano / L'être humain

l'uomo (3) (**gli uomini**, *pl.*)	l'homme
la donna (4)	la femme
il maschio	l'homme, le garçon
la femmina	la femme, la fille
il bimbo	le petit enfant,
il bambino (5)	l'enfant
il ragazzino (6)	le petit garçon
la ragazzina (7)	la petite fille
l'infanzia	l'enfance
il ragazzo	le jeune homme
la ragazza	la jeune fille
i giovani	les jeunes
la giovinezza, la gioventù	la jeunesse
l'adolescenza	l'adolescence
l'adulto	l'adulte
è minorenne	il est mineur
è maggiorenne	il est majeur
un signore attempato	un monsieur d'un certain âge
una signora attempata	une dame d'un certain âge
la vecchiaia	la vieillesse
le persone anziane, gli anziani	les personnes âgées
la nascita	la naissance
nascere	naître
un lattante	un nourrisson
un neonato	un nouveau-né
vivere	vivre
morire	mourir
la morte	la mort
il funerale	l'enterrement
le esequie (*pl.*)	les obsèques

POUR ALLER PLUS LOIN

● Les mots ***maschio*** et ***femmina*** s'utilisent quand on veut différencier :
Hanno avuto due figli, un maschio e una femmina. Ils ont eu deux enfants, un garçon et une fille.
i bambini, i ragazzi, les enfants (en général).
Zitti bambini ! Zitti ragazzi ! Taisez-vous, les enfants !

● À la place de ***bambino*** et ***bambina*** on utilise parfois les diminutifs ***un maschietto*** (un petit garçon) et ***una femminuccia*** (une petite fille) :
Le femminucce sono più tranquille dei maschietti. Les (petites) filles sont plus tranquilles que les (petits) garçons.

● ***Ragazzo***, ***ragazza***, dans un registre familier, a le sens de « fiancé(e) » ou « petit(e) ami(e) » : ***Ce l'hai il ragazzo ?*** Tu as un petit ami ?

● ***Gioventù*** peut signifier aussi « l'ensemble des jeunes » (***i giovani***) : ***la gioventù studentesca***, « la jeunesse étudiante ».

La famiglia (1) | *La famille (1)*

il padre (8)	le père
la madre (9)	la mère
il papà, il babbo	le papa
la mamma	la maman
i genitori	les parents (père et mère)
paterno	paternel
materno	maternel
il figlio	le fils
la figlia	la fille
i figli	les enfants
il fratello	le frère
la sorella	la sœur
maggiore	aîné
minore	cadet
i parenti	les parents (au sens large)
la nonna (10)	la grand-mère
il nonno (11)	le grand-père
i nonni	les grands-parents
il nipotino	le petit-fils
la nipotina	la petite-fille
i nipotini	les petits-enfants
lo zio	l'oncle
la zia	la tante
il nipote	le neveu
la nipote	la nièce
il cugino	le cousin
la cugina	la cousine
il padrino	le parrain
la madrina	la marraine
il figlioccio	le filleul
la figlioccia	la filleule

POUR ALLER PLUS LOIN

Attention ! On écrit ***il papà*** : ne pas oublier l'accent écrit – donc tonique sur le second ***à*** – pour ne pas le confondre avec ***il Papa*** sans accent écrit mais avec l'accent tonique sur le premier ***a*** qui désigne le pape, le Saint-Père.

un parente stretto	un proche parent
un parente lontano	un parent éloigné

● ***Gli zii***, pluriel masculin, a généralement le sens de « mon oncle et ma tante ».

Tale il padre, tale il figlio.	Tel père, tel fils.
Babbo Natale	le père Noël
È un figlio di papà.	C'est un fils à papa.

● Le pronom possessif au pluriel masculin dans les expressions suivantes : ***i miei, i tuoi, i suoi***, indique les parents, donc « mes parents, tes parents, ses parents ».

● Pour la fête de Noël, la famille se réunit et les Italiens disent :
Natale con i tuoi. Pasqua con chi vuoi. (Littéralement : « Noël avec tes parents, Pâques avec qui tu veux. »)

La famiglia (2) | La famille (2)

innamorarsi (di)	tomber amoureux (de)
l'amante	l'amant, la maîtresse
il fidanzato	le fiancé
la fidanzata	la fiancée
sposarsi	se marier
il matrimonio	le mariage
la sposa (12)	la mariée
lo sposo (13)	le marié
i giovani sposi	les jeunes mariés
il marito	le mari
la moglie (*pl.* **le mogli**)	la femme
il suocero	le beau-père
la suocera	la belle-mère
i suoceri	les beaux-parents
il genero	le gendre
la nuora	la bru
il cognato	le beau-frère
la cognata	la belle-sœur
convivere	vivre ensemble
(essere) incinta	(être) enceinte
aspettare un bambino	attendre un enfant
la gravidanza	la grossesse
educare	élever, éduquer
maleducato	mal élevé, mal poli
beneducato	bien élevé
l'orfano	l'orphelin
adottare	adopter
litigare	se disputer
andare d'accordo	(bien) s'entendre
separarsi	se séparer
il divorzio	le divorce
divorziare	divorcer

POUR ALLER PLUS LOIN

● ***il viaggio di nozze***	le voyage de noces
un regalo di nozze	un cadeau de mariage
Le Nozze di Figaro (opéra de Mozart)	*Les Noces de Figaro*

● Les deux traductions de « beau-père » et de « belle-mère » sont respectivement ***suocero*** et ***suocera*** pour le père et la mère du conjoint et ***patrigno*** et ***madrigna*** pour le second mari de la mère et la seconde épouse du père ; ***fratellastro*** est le demi-frère et ***sorellastra*** la demi-sœur.

● Les mots ***maggiore*** et ***minore*** sont les comparatifs irréguliers de ***grande*** et de ***piccolo***. Ils signifient aussi « plus âgé » et « moins âgé » lorsqu'il s'agit de la famille : ***il mio fratello minore, la mia sorella maggiore***.

il primogenito	l'aîné
la figlia primogenita	la fille aînée

● « être enceinte » : ***essere in stato interessante*** (littéralement « être dans une position intéressante »).

La vita sociale, la gente | *La vie sociale, les gens*

la riunione	la réunion
riunirsi	se réunir
invitare	inviter
un invito	une invitation
la festa	la fête, la surprise-partie, la boom
il rinfresco	le lunch
il compleanno	l'anniversaire
l'onomastico	la fête (le jour du saint patron)
celebrare	célébrer
congratularsi	féliciter
congratulazioni !	mes félicitations !
l'amico	l'ami
il compagno	le camarade
l'incontro	la rencontre
il regalo	le cadeau
regalare	offrir, faire un cadeau
offrire	offrir
dare	donner
l'appuntamento	le rendez-vous
la visita	la visite
visitare	rendre visite
l'ambasciata	le message rapporté
il messaggio	le message (au téléphone)
il successo	le succès
la fama	la célébrité
famoso	célèbre, très connu
l'abitudine	l'habitude
il costume	la coutume

POUR ALLER PLUS LOIN

● On n'emploie pas d'article devant ***san*** :
Oggi è San Valentino. Aujourd'hui c'est la Saint-Valentin.

Attention à la construction de ***congratularsi*** :
Mi congratulo con te. Je te félicite.

● Le mot ***gente*** (les gens) est féminin singulier :
La gente è cattiva. Les gens sont méchants.

● Les mots familiers « copain, copine » n'ont pas d'équivalent exact :

un vieux copain	***un amico di lunga data***
ma meilleure copine	***la mia migliore amica***
Salut les copains !	***Ciao ragazzi !***

● **Les présentations**

– Le presento la mia amica Sonia.	– Je vous présente mon amie Sonia.
– Piacere !	– Enchanté !

● Très souvent, on se présente soi-même par le prénom et le nom de famille : ***Sonia Cantelli*** ou simplement le nom de famille (surtout pour les hommes) ; entre amis, entre jeunes gens ou entre collègues, le prénom suffit.

2

La descrizione

La description

L'aspetto fisico (1) | L'aspect physique (1)

l'oggetto	l'objet
grande	grand
la grandezza	la grandeur
la dimensione	la dimension
alto	haut
l'altezza	la hauteur
lungo	long
la lunghezza	la longueur
largo	large
la larghezza	la largeur
spesso	épais
lo spessore	l'épaisseur
profondo	profond
la profondità	la profondeur
stretto	étroit
corto	court
dritto	droit
curvo	courbé
piatto	plat
storto	tordu
grosso	gros
sottile	fin
pesante	lourd
leggero	léger
normale	normal
immenso	immense
gigantesco	gigantesque
minuscolo	minuscule
piegato	plié
la statura	la taille, la stature
alto (1)	grand
l'altezza	la grandeur, la taille
basso, piccolo (2)	petit
incurvato	courbé (par les années)
grasso (3)	gros, gras
cicciottello	dodu, potelet
grassottello	rondelet, grassouillet
snello (4)	mince, svelte
magro	maigre, mince

POUR ALLER PLUS LOIN

- « Grand » se traduit par ***alto*** quand on se réfère à la taille d'une personne :
È molto alto. Il est très grand.
Quanto sei alto ? Combien mesures-tu ?
et par ***grande*** quand on veut indiquer la dimension : ***una casa grande***, une grande maison.
- ***Grande*** s'emploie devant un nom masculin ou féminin singulier commençant ***s + consonne, z, x, ps*** ou ***gn, pn*** :
un grande Stato, un grand État ; ***un grande psicologo***, un grand psychologue.
- Devant les autres consonnes, on peut employer ***gran*** ou ***grande :***
un gran poeta, un grande poeta, un grand poète.
- Devant les voyelles on emploie généralement ***grande : una grande idea***, une grande idée.
- ***Grasso*** a le sens de « gros » (pour les êtres vivants) :
Hai visto com'è grasso ? Tu as vu comme il est gros ?
- Il existe aussi ***grosso*** pour indiquer le volume, l'importance : ***un grosso affare***, une grosse affaire.

L'aspetto fisico (2) — *L'aspect physique (2)*

essere	être
esistere	exister
la realtà	la réalité
reale	réel
concreto	concret
vero	vrai, véritable
la presenza	la présence
parere, sembrare	paraître, sembler
l'apparenza	l'apparence
scomparire	disparaître
la scomparsa	la disparition
cambiare	changer
il cambiamento	le changement
diverso	différent
la differenza	la différence
diventare	devenir
trasformarsi	se transformer
crescere	grandir
lo stesso, la stessa	le même, la même
la varietà	la variété
vario	varié
comune, ordinario	commun, ordinaire
attraente	attirant
seducente	séduisant
bello	beau
carino, bellino	joli, mignon
brutto	laid
volgare	vulgaire
raro	rare
strano	étrange, bizarre
straordinario	extraordinaire
eccezionale	exceptionnel

POUR ALLER PLUS LOIN

● ***Reale*** a également le sens de « royal » :
la famiglia reale inglese, la famille royale anglaise.

● Les suffixes diminutifs, augmentatifs et péjoratifs, fréquemment utilisés en italien, sont à manier avec précaution et un étranger ne doit pas en abuser.

● Les diminutifs expriment la petitesse avec, presque toujours, une valeur affective. Les suffixes diminutifs ***-ino/-ina*** et ***-etto/-etta*** sont les plus courants :
un appartamentino, un petit appartement ;
una casetta, une petite maison.

● Le suffixe augmentatif le plus courant est ***-one/-ona*** :
uno stanzone, une grande pièce
un camicione, une grande chemise
un librone, un gros livre

● ***-accio/-accia*** est le suffixe péjoratif :
È robaccia. C'est de la camelote.

Attention au suffixe ***-astro*** : ***biancastro***, blanchâtre ; ***verdastro***, verdâtre ; ***bluastro***, bleuâtre.

● Signalons que les verbes ***cambiare, crescere*** se conjuguent avec l'auxiliaire ***essere*** aux temps composés :
È cambiato. Il a changé. ***È cresciuta.*** Elle a grandi.

Forme e colori | Formes et couleurs

la forma	la forme	**il colore**	la couleur
la figura (5)	la figure	**bianco** (10)	blanc
il cerchio, il circolo (6)	le cercle	**panna**	blanc cassé, crème
circolare	circulaire	**nero** (11)	noir
la sfera	la sphère	**grigio** (12)	gris
tondo	rond	**giallo**	jaune
quadrato	carré	**arancione**	orange
il quadrato (7)	le carré	**azzurro**	bleu
il rettangolo (8)	le rectangle	**blu**	bleu marine
il triangolo	le triangle	**celeste**	bleu clair
il rombo	le losange	**rosso**	rouge
il quadrilatero	le quadrilatère	**rosa**	rose
il trapezio	le trapèze	**verde**	vert
l'angolo (9)	l'angle	**marrone**	marron
la base	la base	**viola**	violet
il lato	le côté	**beige**	beige
il vertice	le sommet	**chiaro**	clair, pâle
ovale	ovale	**scuro**	sombre
		vivace	vif, éclatant

EXPRESSIONS COURANTES

● avec ***figura*** :

fare una bella figura	faire belle figure, faire bonne impression
fare una brutta figura	faire mauvaise impression
fare una figura barbina	faire piètre figure
la conferenza al vertice	la conférence au sommet

● avec les **couleurs** :

un film in bianco e nero	un film en noir et blanc
la settimana bianca	la semaine aux sports d'hiver
la cronaca nera	les faits divers
passare con il giallo	passer à l'orange
un film giallo, un romanzo giallo	un film policier, un roman policier
il principe azzurro	le prince charmant
la squadra azzurra (sport)	l'équipe italienne (*cf.* « Les Bleus, les Tricolores »)
un rosso d'uovo	un jaune d'œuf
Vede tutto rosa.	Il voit tout en rose.
essere al verde *(fam.)*	être fauché

3

Il corpo umano

Le corps humain

5
3
4
2
6
13
8
9
7
11
10
12

La testa, il capo — *La tête*

il cranio	le crâne
il cervello	le cerveau
il viso, il volto	le visage
la faccia	la figure
la fronte	le front
la tempia	la tempe
l'occhio	l'œil
la palpebra	la paupière
il sopracciglio	le sourcil
il ciglio (*pl.* **le ciglia**)	le cil, les cils
il naso	le nez
la narice	la narine
lo zigomo	la pommette
la guancia, la gota	la joue
le lentiggini, le efelidi	les taches de rousseur
la bocca	la bouche
il labbro	la lèvre
la gengiva	la gencive
la gola	la gorge
la lingua (1)	la langue
il palato	le palais
il dente	la dent
il mento	le menton
il collo (2)	le cou
la nuca (3)	la nuque
l'orecchio (a) (4)	l'oreille
la barba	la barbe
i baffi	la moustache
i capelli (5)	les cheveux
il pelo	le poil
biondo	blond
bruno	brun
castano	châtain
ricciuto	frisé
riccioluto	bouclé
calvo	chauve
liscio	lisse
dritto	raide
il neo	le grain de beauté

EXPRESSIONS COURANTES

● ***Faccia*** est plus familier que ***viso*** ou ***volto***. On l'utilise au sens propre et figuré :

Lavati la faccia !	Lave-toi la figure !
Che faccia tosta !	Quel toupet !
fare buon viso a cattiva sorte	faire contre mauvaise fortune bon cœur

● **Les yeux :** ***aprire, chiudere gli occhi***, ouvrir, fermer les yeux ;
con la coda dell'occhio, du coin de l'œil ;
a occhio e croce, à vue de nez.

● **Le nez :** ***il naso all'insù***, le nez en trompette ; ***parlare col naso***, nasiller, parler du nez.

● **Les dents** : ***il dente del giudizio***, la dent de sagesse ; ***avere il mal di denti***, avoir mal aux dents.

● **L'oreille :** ***fare l'orecchio da mercante***, faire la sourde oreille.
Le pluriel le plus utilisé est le pluriel féminin, ***le orecchie***.

● **Les cheveux :** ***È rosso di capelli***. Il est roux.
È tirato per i capelli. C'est tiré par les cheveux.

Le membra | *Les membres*

il braccio	le bras
l'omero	l'humérus
il radio	le radius
l'ulna *(f.)*	le cubitus
il gomito (6)	le coude
il polso (7)	le poignet
la mano (8)	la main
essere mancino	être gaucher
il pugno	le poing, le coup de poing
il dito	le doigt
il pollice	le pouce
l'indice	l'index
il medio	le majeur
l'anulare	l'annulaire
il mignolo	le petit doigt
il palmo	la paume
la falange	la phalange
l'unghia	l'ongle
la nocca	la jointure des doigts
l'anca	la hanche
i fianchi	les hanches
la coscia (9)	la cuisse
la gamba (10)	la jambe
il ginocchio (11)	le genou
inginocchiarsi	s'agenouiller
la caviglia	la cheville
il polpaccio	le mollet
il calcagno	le talon
il piede (12)	le pied
il dito del piede	l'orteil
l'alluce	le gros orteil

POUR ALLER PLUS LOIN

● Rappelons que ***il membro, il braccio, l'osso, il dito, il ciglio, il labbro***, etc., ont deux pluriels : un pluriel masculin réservé au sens figuré et un pluriel féminin en ***-a*** pour le sens propre :

i membri	les membres (d'une société)
le membra	les membres (du corps)
i bracci	les bras (d'un fleuve, de la croix)
le braccia	les bras (du corps)

● Le suffixe ***-ata*** peut indiquer un coup :
una gomitata, un coup de coude ; ***una pedata***, un coup de pied.
Mais aussi le contenu, la trace : ***una bracciata***, une brassée ; ***una pedata***, une trace de pied.

● **La main :**

fatto, dipinto a mano	fait, peint à la main
una stretta di mano	une poignée de main
Mi dai una mano ?	Tu me donnes un coup de main ?

● **Le pied :**

andare a piedi	aller à pied
essere in piedi	être debout
dalla testa ai piedi, da capo a piedi	de la tête aux pieds
ad ogni piè sospinto	à tout bout de champ.

Gli organi e il tronco | *Les organes et le tronc*

il petto (13)	la poitrine
il seno	le sein
la schiena (14)	le dos
la spalla	l'épaule
la pancia (15)	le ventre
la vita	la taille
il fegato	le foie
lo stomaco	l'estomac
l'addome	l'abdomen
l'intestino	l'intestin
il sedere	le derrière
le natiche	les fesses
la pelle	la peau
la ruga	la ride
la carne	la chair
l'osso	l'os
lo scheletro	le squelette
la vertebra	la vertèbre
il muscolo	le muscle
il nervo	le nerf
il sangue	le sang
il cuore	le cœur
battere	battre
il battito	le battement (de cœur)
il polmone	le poumon
respirare	respirer
il respiro, il fiato	la respiration
il rene	le rein
i genitali	les organes génitaux
dimagrire di 3 chili	maigrir de 3 kilos
ingrassare	grossir
invecchiare	vieillir

POUR ALLER PLUS LOIN

● ***Spalla*** est souvent utilisé au pluriel :
Mi ha voltato le spalle. Il m'a tourné le dos.
Alle vostre spalle, potete vedere una torre. Derrière vous, vous pouvez voir une tour.

Attention ! Ne pas confondre ***la statura***, la taille (stature) avec ***la vita***, la taille (partie du tronc entre les côtes et les hanches) :
la vita/il vitino di vespa, la taille de guêpe ; ***la vita sottile***, la taille fine.
Su con la vita ! Haut les cœurs !

● **La peau :**

avere la pelle d'oca	avoir la chair de poule
non stare più nella pelle	ne pas se sentir de joie
ridere a crepapelle	se tordre de rire, rire à gorge déployée
amici per la pelle	amis pour toujours, amis à la vie, à la mort
una borsa in pelle	un sac en cuir

● **Le sang :**

la circolazione del sangue	la circulation du sang
un donatore di sangue	un donneur de sang
a sangue freddo	de sang froid

● ***Dimagrire, ingrassare, crescere, invecchiare*** se conjuguent avec l'auxiliaire ***essere*** aux temps composés : ***È dimagrita***. Elle a maigri. ***Siamo invecchiati***. Nous avons vieilli.

I sensi, le sensazioni | *Les sens, les sensations*

la vista	la vue	**l'odore**	l'odeur
vedere	voir	**puzzare, avere cattivo odore**	puer, sentir mauvais
guardare	regarder	**il gusto**	le goût
lo sguardo	le regard	**il sapore**	la saveur
dare un'occhiata a	jeter un coup d'œil à	**assaporare, gustare**	savourer
scorgere	apercevoir	**assaggiare**	goûter
accorgersi	s'apercevoir	**amaro**	amer
cieco	aveugle	**dolce**	sucré, doux
non vedente	non-voyant	**acido, aspro**	acide, aigre
l'udito	l'ouïe	**salato**	salé
sentire	entendre, sentir	**scipito, insipido**	fade
ascoltare	écouter	**il tatto**	le toucher
sordo	sourd	**morbido, soffice**	doux (au toucher)
muto	muet	**ruvido**	rugueux
l'olfatto, l'odorato	l'odorat	**duro, sodo**	dur

POUR ALLER PLUS LOIN

- Le verbe ***sentire*** a plusieurs sens :

1. sentir (par l'odorat physique ou une sensation) :
Hai sentito il profumo del gelsomino ? Tu as senti le parfum du jasmin ?
Non ho sentito niente quando l'infermiera mi ha fatto l'iniezione. Je n'ai rien senti quand l'infirmière m'a fait la piqûre.
Mi sento stanco. Je me sens fatigué.

2. entendre :
Non ho sentito il campanello. Je n'ai pas entendu la sonnette.
On dit : ***Senti !*** Écoute ! ***Senta !*** Écoutez !

- Il existe également ***sapere di***, sentir, avoir une odeur, avoir un goût de :
Sa di muffa qui ! Ça sent le moisi ici.
Questo vino sa d'aceto. Ce vin sent le vinaigre.

- Dans la langue familière, ***sentirsi al telefono*** signifie « s'appeler, se téléphoner » :
Ci si sente domani ? On s'appelle demain ?

- ***Il tatto*** signifie aussi « le tact ».

- ***Tastare*** a le sens de « toucher, tâter ». De là l'expression ***a tastoni***, à tâtons et également ***il tasto***, la touche (du piano, du clavier de l'ordinateur).

LANA E VISCOSA
Offerta speciale
GONNE
30 euro
PANTALONI
50 euro
SETA PURA
LINO 70%
FLANELLA
COTONE 100%
1
2
3
4
5
6
8
9
12
13
15
16
17

4

I vestiti
Les vêtements

I vestiti (1) | *Les vêtements (1)*

il vestito (1)	le vêtement, la robe
l'abito, il vestito	le costume
il gilè, il panciotto	le gilet (pour homme)
i pantaloni (2)	le pantalon
i jeans	les jeans
la gonna, la sottana (3)	la jupe
la minigonna	la mini-jupe
la camicia	la chemise
la camicetta (4)	le chemisier, le corsage
il bavero, il collo	le col
il colletto (5)	le col (de chemise)
la tasca (6)	la poche
la manica (7)	la manche
la polo	le polo
la maglia (8)	le pull
il maglione	le chandail
il golf (9)	le gilet, le cardigan
la giacca	la veste
la giacca a vento	l'anorak
il giubbotto (10)	le blouson
il cappotto (11)	le manteau
il soprabito	le pardessus
il piumino	la doudoune, le duvet
l'impermeabile (12)	l'imperméable
la mantella	la cape
provare	essayer
indossare	porter (vêtement)
vestire	habiller
vestirsi	s'habiller
spogliarsi	se déshabiller
togliere	enlever, ôter (vêtement)
cambiarsi	se changer

POUR ALLER PLUS LOIN

L'abito non fa il monaco. L'habit ne fait pas le moine.
conoscere una città come le proprie tasche, connaître une ville comme sa poche ; ***un libro tascabile***, un livre de poche.

- À propos de ***la maglia*** (le pull) :

una maglia girocollo/paricollo	un pull ras du cou
una maglia dolce vita/a collo alto	un pull à col roulé
un vestito di maglia	une robe en jersey
la maglia rosa	le maillot rose (cyclisme)
la maglia gialla	le maillot jaune

- Le verbe transitif ***vestire***, habiller (***vestire i bambini***), peut s'utiliser intransitivement : ***Questa signora veste sempre di grigio***. Cette dame est toujours habillée en gris.
- L'italien n'emploie pas le possessif pour les vêtements, ni pour les objets personnels ; il utilise un article défini ou un verbe pronominal avec l'article :

Prendi la giacca !	Prends ta veste !
Mettiti il cappotto !	Mets ton manteau !
Non dimenticarti il cappello !	N'oublie pas ton chapeau !

I vestiti (2) | *Les vêtements (2)*

gli indumenti intimi	les sous-vêtements
la maglietta, la T-shirt	le tee-shirt
la canottiera	le tricot de corps, le maillot de corps
le mutande	le caleçon, le slip
lo slip	le slip (d'homme)
le mutandine	la culotte, le slip (de femme)
il reggiseno, il reggipetto	le soutien-gorge
il reggicalze	le porte-jarretelles
la calza	le bas
il collant	le collant
il pigiama	le pyjama
la camicia da notte	la chemise de nuit
la vestaglia	la robe de chambre
l'accappatoio	le peignoir de bain
il calzino	la chaussette
i calzoncini	le short
la scarpa (13)	la chaussure
un paio di scarpe	une paire de chaussures
il sandalo	la sandale
il mocassino	le mocassin
la scarpa décolleté	l'escarpin
lo zoccolo	le sabot
lo stivale (14)	la botte
la pantofola	la pantoufle
essere scalzo/a	être pieds nus
la tuta	le survêtement
il costume (da bagno)	le maillot de bain
consumato	usé
stretto	serré
largo	large
attillato, aderente	moulant

EXPRESSIONS COURANTES

scarpa da donna	chaussure de femme
scarpa con il tacco alto	chaussure à talon haut
scarponi da montagna	chaussures de montagne
scarponi da sci	chaussures de ski
Quale numero di scarpe porta ?	Quelle est votre pointure ?
Quale misura porta ? 40 o 42 ?	Quelle est votre taille ? 40 ou 42 ?

La moda, gli accessori | La mode, les accessoires

è di moda	c'est à la mode
fuori moda	démodé
l'eleganza	l'élégance
una sfilata di indossatrici	un défilé de mannequins
la modella, la top model	le mannequin
lo stilista	le styliste
il basco	le béret
il berretto (15)	la casquette, le bonnet
il berretto di lana	le bonnet en laine
la sciarpa	l'écharpe
il guanto (16)	le gant
la cintura (17)	la ceinture
il marsupio	la ceinture banane
la cravatta	la cravate
il ventaglio	l'éventail
il fazzoletto	le mouchoir
l'ombrello (18)	le parapluie
la borsa, la borsetta (19)	le sac (à main)
il portamonete	le porte-monnaie
il portafoglio	le portefeuille
gli occhiali (20)	les lunettes
il gioiello	le bijou
il diamante	le diamant
la pietra preziosa	la pierre précieuse
la perla	la perle
la spilla	la broche
la collana (21)	le collier
l'orecchino	la boucle d'oreille
il braccialetto	le bracelet
l'anello	la bague
il ciondolo	la breloque, le pendentif
il tatuaggio	le tatouage

EXPRESSIONS COURANTES

● ***il fazzoletto*** peut signifier le « foulard ». (On trouve également le gallicisme « ***il foulard*** ».)

la borsa da viaggio	le sac de voyage
la borsa a tracolla	le sac en bandoulière
la busta	la pochette
la borsa a secchiello	le sac à main en forme de seau
la borsa di plastica	le sac en plastique
un sacchetto	une poche, un sac
Tutti i suoi vestiti sono firmati.	Tous ses vêtements sont griffés.

● ***La spilla***, signifie « la broche » mais aussi « l'épingle » :

una spilla da cravatta	une épingle à cravate
una spilla di sicurezza	une épingle à nourrice

Les gallicismes (voir page 190) sont très nombreux dans le vocabulaire de la mode.

Tessuti e sartoria — *Tissus et couture*

il tessuto	le tissu
la stoffa	l'étoffe
il panno	le drap, la toile, le morceau d'étoffe
la tela	la toile
il cotone	le coton
la lana	la laine
il velluto	le velours
a coste	côtelé, à côtes
il nailon	le nylon
l'acrilico	l'acrylique
il lino	le lin
la seta	la soie
in tinta unita	uni
a righe	à raies
a quadri	à carreaux
il ricamo	la broderie
la trina, il pizzo	la dentelle
il cuoio	le cuir
la pelle	la peau, le cuir
la macchina da cucire	la machine à coudre
il bottone	le bouton
l'automatico	le bouton-pression
la chiusura lampo	la fermeture Éclair
abbottonare	boutonner
il sarto	le tailleur
la sarta	la couturière
su misura	sur mesure
la taglia	la mesure
lo spillo	l'épingle
l'ago	l'aiguille
il filo	le fil
cucire	coudre
lavorare a maglia	tricoter
lavorare all'uncinetto	faire du crochet
le forbici	les ciseaux
tessere	tisser
il telaio	le métier à tisser

POUR ALLER PLUS LOIN

● ***i panni***, le pluriel de ***il panno***, signifie « les vêtements » :
panni da inverno, vêtements d'hiver ;
panni da estate, vêtements d'été.
mettersi nei panni di qualcuno, se mettre à la place de quelqu'un ;
tagliare i panni addosso a qualcuno, casser du sucre sur le dos de quelqu'un.

● ***il sarto*** désigne l'artisan qui fait des vêtements sur mesure pour homme, ***la sarta*** étant la couturière. On utilise le gallicisme ***couturier*** pour ***l'alta moda***, la haute couture, et on dit ***il tailleur*** pour le vêtement féminin.

Attention ! Les mots ***lo spillo*** (l'épingle) et ***la spilla*** (la broche, l'épingle) peuvent parfois s'employer indifféremment. Ce n'est qu'en étant dans le pays qu'on peut se familiariser avec les nuances d'emploi. On dit : ***tacchi a spillo***, talons aiguille.

5

Mangiare e bere
Manger et boire

La preparazione dei pasti | *La préparation des repas*

il pasto	le repas
la fame	la faim
affamato	affamé
rifocillato	restauré
sazio	rassasié
cucinare	cuisiner
la ricetta	la recette
la pentola	la marmite, le faitout
la pentola a pressione	la cocotte-minute, l'autocuiseur
la padella	la poêle
la griglia	le gril
ai ferri	cuit au gril
il tostapane	le grille-pain
far tostare il pane	faire griller le pain
la pirofila	le plat en pyrex
il colapasta	la passoire
scolare	égoutter
coprire	couvrir
preparare	préparer
tagliare	couper
tagliare a dadi	couper en dés
mondare, sbucciare	éplucher
tritare	hacher
il tritatutto	le hachoir
condire	assaisonner
mescolare	mélanger
cuocere	cuire
(ri)scaldare	(ré)chauffer
bollire	bouillir
friggere	frire
arrostire	rôtir
spremere	presser
lo spremiagrumi	le presse-agrumes

POUR ALLER PLUS LOIN

● Les adjectifs de quantité ***molto*** et ***poco*** sont variables en genre et en nombre :
Ho molta fame. J'ai très faim.
Ho poca fame. Je n'ai pas très faim. (voir ***Per esprimere la quantità***, page 108)

● Le verbe ***affettare*** signifie « couper en tranches », d'où le mot ***l'affettato*** qui est la charcuterie coupée en tranches.
Attention ! Il existe également l'homonyme ***affettato***, « affecté ».

● ***La mezzaluna*** est le hachoir en demi-lune et ***il frullatore,*** le mixeur.

● ***Ne ha viste di cotte e di crude.***	Il en a vu des vertes et des pas mûres.
Ne ha fatte di cotte e di crude.	Il a fait les quatre cents coups.
Ha preso una cotta per Maria.	Il est tombé amoureux de Maria.
È un morto di fame.	C'est un crève-la-faim.
lungo come la fame	long comme un jour sans pain

A tavola — *À table*

apparecchiare	mettre la table
sparecchiare	débarrasser la table
la tovaglia	la nappe
il tovagliolo (1)	la serviette
la prima colazione	le petit déjeuner
il pranzo	le déjeuner
la cena	le dîner
la merenda	le goûter
lo spuntino	l'en-cas, le casse-croûte
il piatto (2)	l'assiette, le plat
il piatto fondo, la scodella	l'assiette creuse
il piattino	la soucoupe, la petite assiette
il cestino del pane	la corbeille à pain
l'oliera	l'huilier
la formaggiera	la fromagère (petit récipient pour mettre le fromage râpé)
il vassoio	le plat, le plateau
la forchetta (3)	la fourchette
il cucchiaio (4)	la cuillère
il cucchiaino	la petite cuillère
il coltello (5)	le couteau
le posate	les couverts
il bicchiere (6)	le verre
il calice	le verre à pied
la tazza (7)	la tasse
la ciotola (8)	le bol
la brocca (9)	la cruche
la caraffa	la carafe
il boccale	la chope, le pichet
lo schiaccianoci	le casse-noix

POUR ALLER PLUS LOIN

- « Bon appétit ! » se dit en italien ***Buon appetito !*** Réponse : ***Grazie ! Altrettanto !*** (« Merci, vous de même »). Avant de commencer à manger, pour inviter quelqu'un à participer au repas, on peut dire : ***Vuol favorire ?*** Je vous en prie. / Servez-vous !
- Au restaurant, on trouve ***gli antipasti***, les hors-d'œuvre, puis ***il primo*** (***piatto***) ou ***minestra*** c'est-à-dire le premier plat ou entrée qui se compose de pâtes, de riz, de crêpes ou d'une soupe, par exemple : ***la minestra di verdura***, le potage de légumes. Les pâtes peuvent être cuites dans un bouillon (***il brodo***), il s'agira alors d'une ***minestra in brodo*** ou cuites ***al dente*** (fermes, pas trop cuites) accompagnées d'une sauce : c'est ***la pastasciutta***. Ensuite on sert ***il secondo***, c'est-à-dire le plat de résistance (viande ou poisson) avec ***il contorno***, la garniture ; enfin ***frutta e/o dolce***, le dessert. Il existe également le gallicisme ***dessert***.

C'entra come i cavoli a merenda. Cela vient comme des cheveux sur la soupe. (Mot à mot : cela vient comme les choux au goûter.)

Gli alimenti (1) | Les aliments (1)

il pane (10)	le pain
la fetta di pane	la tranche de pain
il pezzo	le morceau
la mollica	la mie
la crosta	la croûte
la farina	la farine
la farina gialla	la farine de maïs
l'olio	l'huile
l'aceto	le vinaigre
la senape	la moutarde
il sale	le sel
il pepe	le poivre
la minestra	le potage
la zuppa	la soupe
i surgelati	les surgelés
la carne	la viande
il lesso	le pot-au-feu
la fettina	la tranche de viande
la cotoletta	la côtelette
la bistecca	le bifteck
la bistecca alla fiorentina	la côte de bœuf
la scaloppina	l'escalope
la vitella	le veau (viande)
il manzo	le bœuf (viande)
il maiale	le porc (viande)
l'agnello	l'agneau
il capretto	le chevreau
il pollo (11)	le poulet
il prosciutto (12)	le jambon
il salame	le saucisson
la salsiccia (13)	la saucisse
la trippa	les tripes
la salsa	la sauce
il sugo	le jus, la sauce
il sugo di pomodoro	la sauce tomate

POUR ALLER PLUS LOIN

● À propos du pain (***pane***) :
il panino, le petit pain, le sandwich ; ***il pane tostato***, le pain grillé ;
il pane a cassetta / il pan carré, le pain de mie ; ***il grissino***, le gressin ;
la fetta biscottata, la biscotte ; ***il pane fresco/raffermo***, le pain frais/rassis ;
il toast, sorte de croque-monsieur (sans fromage par-dessus) ;
il tramezzino, sandwich formé de plusieurs tranches de pain de mie coupées en diagonale avec du thon, de la mayonnaise, des tomates…

Se non è zuppa è pan bagnato. C'est bonnet blanc et blanc bonnet. (Mot à mot : si ce n'est pas de la soupe, c'est du pain mouillé.)

● Il existe plusieurs sortes de jambon :
il prosciutto cotto, le jambon de Paris ; ***il prosciutto crudo***, le jambon de pays ; ***il prosciutto affumicato***, le jambon fumé.

● La charcuterie italienne (***i salumi***) faite avec de la viande de porc (***la carne suina***) est très variée ; citons : ***il salame milanese, il salame toscano, la finocchiona*** (une sorte de saucisson aromatisé avec des graines de fenouil, ***il finocchio***).

● Le bifteck peut être ***al sangue***, saignant, ***(al punto) giusto***, à point, ***ben cotto***, bien cuit.

Gli alimenti (2) | *Les aliments (2)*

il pesce	le poisson
i frutti di mare	les fruits de mer
il salmone affumicato	le saumon fumé
l'uovo (14)	l'œuf
la frittata	l'omelette
la pasta	les pâtes
il riso	le riz
la verdura	les légumes verts
la patata	la pomme de terre
il purè	la purée
le patate fritte	les frites
la pizza	la pizza
la crêpe	la crêpe
la focaccia, la schiacciata	la fougasse
il latte	le lait
il burro	le beurre
la panna	la crème
lo yogurt	le yaourt
il formaggio (15)	le fromage
il parmigiano	le parmesan
la scatola di conserva	la boîte de conserve
i piselli in scatola	les petits pois en boîte
croccante	croustillant
tenero	tendre
fresco	frais
saporito	savoureux
ottimo	excellent
squisito	délicieux
vegetariano	végétarien

EXPRESSIONS COURANTES

● Le pluriel de ***l'uovo*** est ***le uova***.

un uovo sodo	un œuf dur
un uovo à la coque	un œuf à la coque
un uovo al tegamino	un œuf sur le plat
le uova strapazzate	les œufs brouillés

Rendere pan per focaccia. Rendre coup pour coup. Rendre à quelqu'un la monnaie de sa pièce.

Cerca sempre il pelo nell'uovo. Il cherche toujours la petite bête.

● À propos de ***patate***, pommes de terre, retenez :

le patate lesse	les pommes de terre à l'eau
le patate al vapore	les pommes de terre à la vapeur
le patate arrosto	les pommes de terre « rôties au four »
le patate in umido	les pommes de terre en sauce
le patate saltate in padella	les pommes de terre sautées à la poêle.

I dolciumi | *Les sucreries*

lo zucchero	le sucre	**il miele**	le miel
la zolletta di zucchero	le morceau de sucre	**la marmellata**	la confiture, la marmelade
la frutta, il dolce	le dessert	**il torrone**	le nougat
il dolce, la torta	le gâteau	**la caramella**	le bonbon
la crostata (16)	la tarte	**il cioccolato**	le chocolat
la pasta	le petit gâteau, la viennoiserie	**una tavoletta di cioccolato**	une tablette de chocolat
i pasticcini	les petits fours	**il cioccolatino**	le chocolat fourré
il biscotto	le gâteau sec	**il confetto**	la dragée
il cornetto	le croissant	**la panna montata**	la crème Chantilly
il bignè	le chou à la crème	**il gelato**	la glace
il wafer	la gaufrette	**il pinguino**	l'esquimau
il latte alla portoghese	la crème caramel	**il semifreddo**	la charlotte glacée
il budino	le flan	**la panna cotta**	la crème brûlée
		il tiramisù	le tiramisu

POUR ALLER PLUS LOIN

- ***Pasta*** a différents sens :
– la pâte à tarte, la pâte à pizza (***la pasta sfoglia***, la pâte feuilletée ; ***la pasta frolla***, la pâte brisée) ;
– les pâtes alimentaires (voir ***A tavola***, page 34) ;
– le petit gâteau, la viennoiserie.
- Faites la différence entre ***la caramella***, le bonbon et ***la caramella 'mou'***, le caramel.
Attention à la préposition ***di*** dans les expressions :
un gelato di caffè, une glace au café ;
un gelato di crema, une glace à la vanille.
- On demande : ***Che gusto ?*** À quel parfum ? (pour les glaces).
On trouve également ***il ghiacciolo*** qui est un sorbet sur bâtonnet (comme l'esquimau).

È goloso. Il est gourmand.
far venire l'acquolina in bocca, faire venir l'eau à la bouche.

Le bevande | *Les boissons*

avere sete	avoir soif
la bibita	la boisson (le plus souvent non alcoolisée)
l'acqua (17)	l'eau
l'acqua minerale non gassata/ naturale	l'eau minérale non gazeuse/ plate
l'acqua gassata	l'eau gazeuse
la gassosa	la limonade
l'aranciata (18)	l'orangeade
la limonata	la citronnade
la Coca-Cola	le Coca-Cola
il succo di frutta	le jus de fruits
il frullato	le milk-shake
il frullatore	le mixeur
spremere	presser (agrume)
lo spremiagrumi	le presse-agrumes
la macchinetta del caffè, la moca	la cafetière (italienne)
il caffè	le café
il cappuccino	le cappuccino
il tè	le thé
la cioccolata calda	le chocolat chaud
la bottiglia	la bouteille
il fiasco	la fiasque
inghiottire, mandare giù	avaler
tracannare	avaler d'un trait
bere	boire
riempire	remplir
pieno	plein
vuotare	vider
vuoto	vide
il sorso	la gorgée

POUR ALLER PLUS LOIN

una spremuta d'arancia, une orange pressée ;
una spremuta di pompelmo, un pamplemousse pressé.

● Le café, ***il caffè*** ou ***l'espresso***, se boit à toutes les heures de la journée. Vous pouvez demander ***un caffè ristretto***, un café très serré ; ***un caffè lungo, un caffè alto***, un café léger à la française ; ***un macchiato*** (mot à mot un « taché »), un café avec un nuage de lait, un café noisette ; ***un corretto***, un café arrosé, par ex. : ***un corretto al rhum***, un café-rhum.

● On distingue ***un cappuccino chiaro*** (clair), avec beaucoup de lait, et ***un cappuccino scuro***, avec peu de lait. On trouve aussi ***il latte macchiato***, du lait avec très peu de café.

● Parfois, le sens des mots change en fonction des prépositions :
una tazza di caffè, une tasse de café ; ***una tazza da caffè***, une tasse à café.

Si sono scolati un fiasco di vino. Ils ont sifflé une fiasque de vin.

Vuole la botte piena e la moglie ubriaca. Il veut le beurre et l'argent du beurre (littéralement : Il veut le tonneau plein et sa femme ivre).

Bere e fumare | *Boire et fumer*

il vino rosso	le vin rouge
il vino bianco	le vin blanc
il vino rosato	le vin rosé
il vino santo	le vin doux
lo champagne	le champagne
lo spumante	le champagne italien, le mousseux
la birra	la bière
il liquore	la liqueur
l'amaro	l'amer
l'acquavite	l'eau-de-vie
il cognac	le cognac
il brandy	le cognac italien
la grappa	la grappa, le marc
il cavatappi (19)	le tire-bouchon
l'apribottiglie (20)	le décapsuleur
brindare	trinquer
fare un brindisi	porter un toast
ubriaco	ivre
il tabacco	le tabac
la sigaretta	la cigarette
il sigaro	le cigare
la pipa	la pipe
il fumatore	le fumeur
vietato fumare	interdiction de fumer
l'accendino	le briquet
il fiammifero	l'allumette
la cenere	la cendre
il portacenere	le cendrier

POUR ALLER PLUS LOIN

- Avant le repas, vous pouvez prendre un apéritif, ***un aperitivo*** qui peut être ***alcolico***, alcoolisé ou sans alcool : ***un analcolico*** ; après le repas, vous pourrez prendre ***un digestivo***, un digestif, qui est le plus souvent ***un amaro***, un amer ou ***un limoncello***, une liqueur à base d'écorces de citron, servi frais. Attention, ne soyez pas ivre mort, ***ubriaco fradicio***. Vous n'aurez pas de problème si vous êtes ***astemio***, c'est-à-dire si vous ne buvez pas d'alcool.
- Il existe un mot littéraire pour « ivre », ***ebbro*** ; ce mot s'emploie également au sens figuré :

Era ebbro di felicità.	Il était ivre de bonheur.
una birra alla spina	une bière à la pression
una birra in lattina	une bière en boîte (une canette)
una birra chiara, scura	une bière blonde, brune
Andava a tutta birra.	Il allait à toute allure, à toute pompe.
Dire pane al pane e vino al vino.	Appeler un chat un chat.

6

La salute
La santé

La salute e la malattia | *La santé et la maladie*

stare bene	bien aller, bien se porter
non sentirsi bene	ne pas se sentir bien
ammalarsi	tomber malade
malato	malade
sano	sain
in buona salute	bien portant, en bonne santé
forte	fort
debole	faible
l'handicappato, il portatore di handicap	le handicapé
il mal di testa	le mal de tête
il mal di denti	le mal de dents
soffrire	souffrir
la febbre	la fièvre
aver la febbre	avoir de la fièvre
sudare	transpirer
la ferita	la blessure
far male	faire mal
gonfiare	gonfler, enfler
il raffreddore	le rhume
buscarsi il raffreddore	attraper un rhume
avere il naso chiuso	avoir le nez bouché
l'influenza	la grippe
la tosse	la toux
tossire	tousser
starnutire (1)	éternuer
soffiarsi il naso (2)	se moucher
la nausea	la nausée
avere la nausea (3)	avoir mal au cœur
tremare	trembler
vomitare, dare di stomaco	vomir
soffocare	étouffer
l'epidemia	l'épidémie
svenire (4)	s'évanouir
è svenuto	il s'est évanoui
riprendere i sensi	reprendre connaissance
la cura	le traitement
il paziente	le patient, le malade

EXPRESSIONS COURANTES

– Come sta ?	– Comment allez-vous ?
– Bene e lei ?	– Bien et vous ?
– Così così.	– Comme ci, comme ça.

● Il existe le mot ***la sanità*** pour indiquer la santé publique (langage administratif).

● Lorsque vous éternuez, vous faites ***Ecci !*** Atchoum ! et l'on vous répond : ***Salute !*** À vos souhaits !

Attention aux articles : ***Ha l'asma.*** Il a de l'asthme.
Ha il diabete, il a du diabète.
Ha il colesterolo. Il a du cholestérol.

et aux constructions : ***Ho il mal di gola***. J'ai mal à la gorge.
Ho il mal di stomaco. J'ai mal à l'estomac.

Le malattie, la medicina | *Les maladies, la médecine*

l'attacco	l'attaque, la crise
l'ulcera	l'ulcère
il collasso cardiaco	la crise cardiaque
l'infarto	l'infarctus
l'esaurimento nervoso, la depressione	la dépression nerveuse
la pazzia	la folie
il medico (5)	le médecin
l'ambulatorio, lo studio medico	le cabinet médical
il dentista	le dentiste
l'oculista	l'ophtalmologiste
visitare	examiner
la visita medica	l'examen médical
il farmacista	le pharmacien
la ricetta	l'ordonnance
il farmaco, la medicina, il medicinale	le médicament
la compressa	le comprimé
la pasticca (6)	la pastille
la pillola (anticoncezionale)	la pilule (contraceptive)
gli antibiotici	les antibiotiques
lo sciroppo	le sirop
il vaccino	le vaccin
fare un'iniezione	faire une piqûre
la medicazione	le pansement
la fasciatura (7)	le bandage
il pronto soccorso	les urgences, le service d'urgence de l'hôpital
la terapia intensiva	les soins intensifs
curare	soigner
alleviare	soulager
guarire	guérir
l'ospedale	l'hôpital
la clinica	la clinique
il chirurgo (8)	le chirurgien
farsi operare	se faire opérer
l'operazione	l'opération
il trapianto	la greffe
la cicatrice (9)	la cicatrice
essere ricoverato	être hospitalisé
il ricovero	l'hospitalisation
essere dimesso	sortir, quitter l'hôpital

POUR ALLER PLUS LOIN

- ***Alcune malattie*** (quelques maladies) : ***la bronchite***, la bronchite ; ***la polmonite***, la pneumonie ; ***il reumatismo***, le rhumatisme ; ***l'Aids***, le sida ; ***il cancro***, le cancer ; ***l'allergia***, l'allergie.
- ***Le malattie infantili*** (les maladies infantiles) : ***gli orecchioni***, les oreillons ; ***la rosolia***, la rubéole ; ***il morbillo***, la rougeole ; ***la varicella***, la varicelle.
- La Sécurité sociale, ***la Previdenza sociale*** est présente dans chaque province, ***provincia***, grâce à l'existence de plusieurs ASL (***Azienda Sanitaria Locale***) réparties en fonction de l'importance de la population. Les cotisations sont prélevées sur le salaire ; chaque personne possède un carnet de santé où figure le nom du médecin des assurances sociales choisi et conventionné, ***il medico della mutua*** ; celui-ci a un certain nombre d'assurés sociaux ou ***mutuati***.

Il sonno | *Le sommeil*

dormire	dormir	**la stanchezza**	la fatigue
addormentarsi	s'endormir	**stancarsi, affaticarsi**	se fatiguer
andare a letto	aller se coucher	**strapazzarsi**	se fatiguer (trop)
coricarsi	se coucher	**riposarsi**	se reposer
sdraiarsi	s'allonger	**spossato**	épuisé
il sogno	le rêve	**fare la siesta**	faire la sieste
sognare	rêver	**il sonnellino, il pisolino** *(fam.)*	le petit somme
l'incubo	le cauchemar	**sonnecchiare, dormicchiare**	sommeiller, somnoler
l'insonnia	l'insomnie	**il dormiveglia**	le demi-sommeil
il sonnifero	le somnifère	**svegliarsi**	se réveiller
il calmante	le calmant	**sono sveglio**	je suis réveillé
il tranquillante	le tranquillisant	**alzarsi**	se lever
sbadigliare	bâiller		
la cura del sonno	la cure de sommeil		

EXPRESSIONS COURANTES

Chi dorme non piglia pesci. On n'a rien sans peine. (Mot à mot : qui dort, n'attrape pas de poissons.)

cascare dal sonno	tomber de sommeil
dormire tra due guanciali	dormir sur ses deux oreilles
mettersi a letto	se mettre au lit, s'aliter
Ha fatto due mesi di letto.	Il est resté deux mois au lit.
dormire il sonno del giusto	dormir du sommeil du juste

● Expressions avec ***sogno*** et ***sognare*** :

Neanche per sogno !	Jamais de la vie !
Ti ho sognato stanotte.	J'ai rêvé de toi cette nuit.
Ho sognato i miei genitori.	J'ai rêvé de mes parents.
Sogno di andare in Grecia.	Je rêve d'aller en Grèce.
Sogna ad occhi aperti !	Il rêve les yeux ouvert !

10
11
12
14
SHAMPOO
Venus
LATTE
DETERGENTE
15
Crema
KLEOPATRA
13

L'igiene, la pulizia / L'hygiène, la propreté

pulito	propre
sporco	sale
sudicio	très sale
sporcarsi	se salir
lavarsi	se laver
fare il bagno	prendre un bain
la doccia	la douche
fare la doccia	se doucher
la spugna	l'éponge
il sapone (10)	le savon
la saponetta	la savonnette
asciugarsi	s'essuyer
un asciugamano	une serviette
un accappatoio	un peignoir de bain
la cuffia da bagno	le bonnet de bain
pettinarsi	se peigner
il pettine	le peigne
la spazzola (11)	la brosse
lo spazzolino (da denti)	la brosse à dents
il dentifricio (12)	le dentifrice
lo shampoo	le shampooing
l'asciugacapelli (13)	le sèche-cheveux
il rasoio	le rasoir
la crema da barba	la crème à raser
radersi, farsi la barba	se raser
lo specchio (14)	la glace, le miroir
il profumo	le parfum
profumarsi	se parfumer
il deodorante	le déodorant
lo spray, la bombola (15)	l'atomiseur, la bombe
il trucco	le maquillage
truccarsi	se maquiller
struccarsi	se démaquiller
il rossetto	le rouge à lèvres
lo smalto	le vernis à ongles
il fondotinta	le fond de teint
la crema da giorno, da notte	la crème de jour, de nuit
il latte detergente	le lait démaquillant
l'assorbente	la serviette hygiénique
avere le mestruazioni	avoir ses règles
l'armadietto farmaceutico	l'armoire à pharmacie

EXPRESSIONS COURANTES

la pettinatura	la coiffure
un taglio (di capelli)	une coupe (de cheveux)
un taglio a caschetto	une coupe au carré
farsi tagliare i capelli	se faire couper les cheveux
tingersi i capelli	se teindre les cheveux
una treccia	une natte
una crocchia	un chignon

Tutti i nodi vengono al pettine. À la fin tout se paie. (Littéralement : tous les nœuds arrivent au peigne.)

7

La casa
La maison

L'edilizia | *La construction, le bâtiment*

costruire, edificare	construire, bâtir
l'architetto	l'architecte
il muratore	le maçon
il manovale	le manœuvre
il materiale	le matériel
l'impalcatura, il ponte	l'échafaudage
la pietra	la pierre
il mattone (1)	la brique
la muratura	la maçonnerie
il cemento	le ciment, le béton
la calce	la chaux
il gesso	le plâtre
il legno	le bois
l'asse, la tavola (2)	la planche
gli arnesi	les outils
il trapano (3)	la perceuse
il martello (4)	le marteau
il chiodo (5)	le clou
la vite (6)	la vis
il cacciavite (7)	le tourne-vis
la sega (8)	la scie
il vetro	le verre
l'acciaio	l'acier
l'alluminio	l'aluminium
il tubo	le tuyau
la mattonella, la piastrella (9)	le carreau
i sanitari	les sanitaires
il buco	le trou
la scala (10)	l'échelle
la scala a pioli	l'échelle de meunier
lo scaleo	l'escabeau
lo sgabello	le tabouret

EXPRESSIONS COURANTES

● ***La tavola*** est aussi la table (le meuble), mais on dit :

il tavolo da stiro	la table à repasser
il tavolo da ping-pong	la table de ping-pong

● ***Le case popolari*** correspondent aux HLM (Habitation à loyer modéré).

● ***Il trapano***, la perceuse, est aussi la fraise, la roulette du dentiste.

Non me ne importa un tubo.	Je m'en fiche.
Non capisce un tubo.	Il ne comprend rien.
Roba da chiodi !	C'est inouï !
Chiodo scaccia chiodo.	Un clou chasse l'autre.

La casa | La maison

il muro, la parete	le mur	**il campanello**	la sonnette
la facciata	la façade	**il citofono**	l'interphone
il camino	la cheminée	**bussare**	frapper
il tetto	le toit	**avanti !**	entrez !
la tegola	la tuile	**aprire**	ouvrir
il soffitto (11)	le plafond	**chiudere**	fermer
il pavimento	le sol, le carrelage	**la cantina**	la cave
la finestra (12)	la fenêtre	**lo scantinato**	le sous-sol
l'avvolgibile	le store roulant	**la soffitta, il solaio**	le grenier
la persiana	la persienne	**il pianterreno**	le rez-de-chaussée
l'imposta	le volet	**il cortile**	la cour
lo scuro	le volet intérieur	**il giardino**	le jardin
il cancello	la grille	**l'aiuola**	la plate-bande
il portone	la grande porte	**il garage**	le garage
la porta (13)	la porte	**la terrazza**	la terrasse
la porta blindata	la porte blindée	**il balcone, il terrazzino**	le balcon
la serratura	la serrure	**il cancello automatico**	la grille, le portail automatique
il chiavistello	le verrou		
la chiave (14)	la clef		

POUR ALLER PLUS LOIN

- chez + pronom personnel se rend par ***a casa*** + adjectif possessif :
a casa mia, a casa tua, a casa sua, chez moi, chez toi, chez lui ou chez elle…
- chez + nom propre ou substantif indiquant une personne se rend par la préposition ***da*** :

Vado dal dentista.	Je vais chez le dentiste.
Vado dal medico.	Je vais chez le médecin.
Vanno da Francesco.	Ils vont chez Francesco.

- ***esserci*** a le sens de « être là, y être ».

Marco è in casa ?	Marco est à la maison ?
– No, non c'è.	– Non, il n'est pas là.

- ***essere di casa***, être de la maison.

Attention ! Le mot ***il muro*** a un pluriel masculin, ***i muri***, réservé aux murs d'une maison. Le pluriel féminin ***le mura*** indique, quant à lui, « les remparts, les murs d'une ville ». ***L'armadio a muro*** est le placard.

24
21
25
22
23
16
26
17
27
20
18
19

L'abitazione | Le logement

il palazzo	l'immeuble
il condominio	la copropriété
l'appartamento	l'appartement
il monolocale	le studio
il villino	le pavillon
la casa di campagna	la maison de campagne
la seconda casa	la résidence secondaire
l'attico	l'appartement au dernier étage
l'ascensore	l'ascenseur
le scale (15)	l'escalier
il gradino, lo scalino	la marche
la rampa	la rampe d'escalier
la ringhiera	la balustrade
il pianerottolo	le palier
il ripostiglio	le débarras
l'ingresso	l'entrée
il corridoio	le couloir
la stanza, il vano	la pièce
il proprietario	le propriétaire
l'inquilino	le locataire
abitare	habiter
l'affitto, la pigione	le loyer
affittare	louer
traslocare	déménager
il trasloco	le déménagement
il portiere, il portinaio	le gardien de l'immeuble
il piano	l'étage
il vicino	le voisin

POUR ALLER PLUS LOIN

● À l'agence immobilière, ***l'agenzia immobiliare***, vous trouverez des petites annonces, ***gli annunci***.
Affittasi, Vendesi. Ce sont des formules figées (littéralement « il se loue », « il se vend ») : À louer, À vendre.
essere in affitto, être en location.

● Voici les textes de deux annonces :
Appartamento arredato, 4 vani, due terrazze.
Appartement meublé, 4 pièces, 2 terrasses.
Appartamento signorile, sette vani, 220 mq, doppi ingressi, doppi servizi.
Appartement de grand standing, sept pièces, 220 m², double entrée, deux salles de bains.

Stanze e mobili | *Pièces et meubles*

il mobile	le meuble
la sala da pranzo	la salle à manger
il soggiorno	le séjour
il salotto	le salon
la tavola	la table
il tavolino	la table basse, le guéridon
la credenza	le buffet
la sedia (16)	la chaise
la poltrona	le fauteuil
il divano	le divan
il tappeto	le tapis
lo studio	le bureau
la libreria	la bibliothèque (meuble)
lo scaffale	l'étagère
la camera	la chambre
il letto (17)	le lit
il materasso	le matelas
il guanciale	l'oreiller
il cuscino	le coussin, l'oreiller
il piumone	la couette
il copriletto	le couvre-lit
la coperta (18)	la couverture
il lenzuolo (19)	le drap
la federa	la taie d'oreiller
l'armadio	l'armoire
il cassettone	la commode
la sveglia (20)	le réveil
la tenda (21)	le rideau
la gruccia (22)	le cintre
il bagno	la salle de bains
i servizi	la cuisine et la salle de bains
il lavandino (23)	le lavabo
il bidè	le bidet
il rubinetto	le robinet
la vasca	la baignoire
la carta igienica	le papier hygiénique

POUR ALLER PLUS LOIN

● Il existe également *il tavolo*, la table ; forme utilisée surtout en dehors de la Toscane pour indiquer le meuble. Cette forme est obligatoire dans quelques expressions :
Ha prenotato un tavolo per cinque. Il a réservé une table pour cinq personnes.

il tavolo dei negoziati	la table des négociations
il tavolo operatorio	la table d'opération

● À côté de la cuisine, il y a souvent une petite salle à manger que l'on appelle ***il tinello***.

● Dans une maison, pour dire « je vais aux toilettes », on dira : ***Vado in bagno***, tandis qu'à l'extérieur, dans un lieu public : ***Vado alla toilette*** (au singulier).

● En Italie, vous ne trouverez pas de « traversin », vous aurez un lit à deux places, ***un letto a due piazze*** ou ***letto matrimoniale***, ou bien ***un letto a una piazza, un letto singolo***, un lit à une place.

Luce e riscaldamento | *Lumière et chauffage*

l'elettricità	l'électricité
la corrente	le courant
accendere	allumer
spegnere, spengere	éteindre
la lampada	la lampe
la lampada alogena	la lampe halogène
la lampadina (24)	l'ampoule
l'illuminazione	l'éclairage
la presa (elettrica)	la prise de courant
la spina (25)	la fiche
i fusibili	les fusibles
l'impianto elettrico	l'installation électrique
la candela	la bougie
il guasto	la panne
il riscaldamento centrale	le chauffage central
il termosifone	le radiateur
il radiatore (26)	le radiateur
la stufa	le poêle
la caldaia	la chaudière
la legna	le bois de chauffage
il fuoco	le feu
la fiamma	la flamme
la brace	la braise
il caminetto	la cheminée
la bombola di gas	la bouteille de gaz
scaldare	chauffer
comodo	confortable, pratique
l'aria condizionata	l'air conditionné, la climatisation
il condizionatore	le climatiseur
il ventilatore	le ventilateur

POUR ALLER PLUS LOIN

- ***il paralume*** est l'abat-jour ; il existe également le gallicisme (voir chapitre ***I francesismi***, page 190), ***abat-jour*** qui a pris le sens de « lampe avec un abat-jour ».
- ***il termosifone*** est souvent utilisé au sens de « radiateur ».
- Le verbe « brûler » se rend par ***bruciare*** (surtout utilisé transitivement) :

bruciare legna/carbone	brûler du bois/du charbon
Bisogna bruciare queste lettere.	Il faut brûler ces lettres.

mais également par ***ardere*** :

Questa legna arde lentamente.	Ce bois brûle lentement.
Brucia di febbre.	Il brûle de fièvre.
ardere d'ira/d'impazienza	bouillir de colère/d'impatience
legna da ardere	bois de chauffage

Cadere dalla padella nella brace *(fam.)*. Tomber de Charybde en Scylla. (Littéralement : tomber de la poêle dans la braise.)

La cucina e le pulizie | La cuisine et le ménage

la padrona di casa	la maîtresse de maison
la cucina	la cuisine
il fornello	le réchaud
il forno (a microonde)	le four (à micro-ondes)
il frigorifero	le réfrigérateur
il congelatore	le congélateur
il lavello, l'acquaio	l'évier
lo scolapiatti	l'égouttoir
lavare i piatti, rigovernare	faire la vaisselle
la lavastoviglie	le lave-vaisselle
la lavatrice	la machine à laver
il detersivo	la lessive, le produit détergent
un elettrodomestico	un appareil électroménager
il ferro da stiro	le fer à repasser
pulire	nettoyer
sciacquare	rincer
le pulizie	le ménage, le nettoyage, la propreté
fare le pulizie	faire le ménage
mettere a posto	ranger
la scopa, la granata	le balai
la paletta	la pelle
spazzare	balayer
l'aspirapolvere	l'aspirateur
la polvere	la poussière
lo straccio (per il pavimento)	la serpillière
lo strofinaccio, il cencio	le chiffon, le torchon
spolverare	essuyer la poussière
il secchio	le seau
la pattumiera (27)	la poubelle
l'immondizia, la spazzatura	les ordures
il sacchetto per la spazzatura	le sac-poubelle
buttare	jeter

EXPRESSIONS COURANTES

la donna delle pulizie	la femme de ménage
l'impresa delle pulizie	l'entreprise de nettoyage
fare pulizia di qualcosa, fare piazza pulita	faire place nette
fare il bucato	faire la lessive

● ***La polvere*** peut avoir plusieurs sens :
- la poussière : ***I libri sono coperti di polvere***. Les livres sont couverts de poussière.
- la poudre : ***il latte in polvere***, le lait en poudre.
- la poudre (l'explosif), la poudre pour se maquiller étant ***la cipria***.

3
9
5
1
11
8

8

Spazio e movimento

Espace et mouvement

Lo spazio — *L'espace*

il posto	la place
la posizione	la position
la distanza	la distance
il lato	le côté
destro	droit
sinistro	gauche
a destra	à droite
a sinistra	à gauche
il centro	le centre
centrale	central
il mezzo	le milieu
nel mezzo di, in mezzo a	au milieu de
l'esterno	l'extérieur
il fondo	le fond
il limite	la limite
l'interno	l'intérieur
il bordo	le bord
l'estremità	le bout, l'extrémité
in cima a	en haut de
superiore	supérieur
inferiore	inférieur
vicino (a)	près (de)
prossimo	proche, prochain
vuoto	vide
pieno	plein
essere	être
stare	rester, être, aller
lasciare	laisser, quitter
rimanere, restare	rester, se trouver
avanzare	avancer, être de trop, rester

POUR ALLER PLUS LOIN

● Le verbe ***stare*** a différents emplois :

Non stare per terra, ti sporchi !	Ne reste pas par terre, tu te salis !
Come sta ?	Comment allez-vous ?
Mi stava vicino e non potevo muovermi.	Il était près de moi et je ne pouvais pas bouger.
Sto a Milano da un anno.	J'habite (à) Milan depuis un an.
La difficoltà sta nel fatto che…	La difficulté vient du fait que…
Sta a voi decidere.	C'est à vous de décider.

● Suivi du gérondif, le verbe ***stare*** indique une action qui est en train de se faire.

Lo sto facendo, non lo vedi ?	Je suis en train de le faire, tu ne le vois pas ?
Il treno sta partendo, attenzione !	Le train part, attention !

● ***Stare per*** suivi de l'infinitif indique un futur proche :

Stavo per risponderti ma mi hai interrotto. J'allais te répondre mais tu m'as interrompu.

● Constructions avec le verbe ***avanzare*** :

Avanzi cinque euro da me.	Je te dois cinq euros.
Avanzo cinquanta centesimi da te.	Tu me dois cinquante centimes.
È avanzato molto pane.	Il reste beaucoup de pain.

Avverbi e preposizioni | *Adverbes et prépositions*

qui, qua	ici, là	**ecco**	voici, voilà
di qua, di qui	par ici	**lungo**	le long de
lì, là	là	**intorno (a)**	autour (de)
laggiù	là-bas	**dentro**	dedans
lassù	là-haut	**fuori**	dehors, hors de
vicino (a), accanto (a)	près (de)	**alla rovescia**	à l'envers
		in piedi	debout
lontano (da)	loin (de)	**dappertutto**	partout
in alto, su	en haut	**da nessuna parte**	nulle part
in basso, giù	en bas	**altrove**	ailleurs
sotto	sous, dessous	**a**	à
sopra	sur, dessus	**su**	sur, dans
al disopra	au-dessus	**fra, tra**	entre, parmi
al disotto	au-dessous	**contro**	contre
di fronte a	en face de	**da**	depuis, par
davanti	devant	**verso**	vers
dietro	derrière	**fino a**	jusqu'à
a dritto	tout droit	**circa**	environ

POUR ALLER PLUS LOIN

- Les prépositions ***su*** et ***giù*** s'emploient avec quelques verbes et en modifient le sens :

andare su, venire su	monter
portare su una valigia	monter une valise
andare giù	descendre
portare giù una valigia	descendre une valise
Su, dimmelo !	Allons ! Dis-le-moi !

- Construction de ***ecco*** avec un pronom personnel :
Eccomi ! Me voici ! Me voilà ! ***Eccoli !*** Les voici ! Les voilà !

- On emploie la préposition ***a*** avec les verbes de mouvement tels que ***andare, venire, correre, scendere, salire…*** :

Corri a rispondere	Cours répondre.
Vado a comprare il giornale	Je vais acheter le journal.
Scendo a prenderlo	Je descends le prendre.

- Les adjectifs démonstratifs les plus employés sont ***questo, questa,*** désignant ce qui est proche dans l'espace et dans le temps et ***quello, quella,*** pour ce qui est éloigné. La forme ***questa*** devient ***sta*** dans :
stanotte, cette nuit ; ***stasera***, ce soir ; ***stamattina***, ce matin.

Il movimento e la direzione | *Le mouvement et la direction*

muoversi	bouger
spostarsi	se déplacer
camminare	marcher
allontanarsi	s'éloigner
correre (1)	courir
fermarsi	s'arrêter
andarsene	s'en aller
me ne vado	je m'en vais
avviarsi	se mettre en route
nascondersi	se cacher
arrivare	arriver
accompagnare	accompagner
scansare	éviter
scansarsi, mettersi da parte	s'écarter, se mettre de côté
fuggire	fuir
seguire (2)	suivre
avvicinarsi a	s'approcher de
sbrigarsi, affrettarsi	se dépêcher
raggiungere	rejoindre
veloce, rapido	rapide
lento	lent
piano	lentement
goffo	maladroit
immobile, fermo	immobile
venire	venir
statico	statique
dinamico	dynamique

POUR ALLER PLUS LOIN

● En italien, l'adjectif accordé en genre et en nombre peut s'employer comme adverbe :

Sonia camminava svelta. Sonia marchait vite.
Lavoravano tranquilli. Ils travaillaient tranquillement.

Attention !
Bien faire la différence entre ***fermo*** (l'adjectif) et ***fermato*** (le participe passé) ; le premier indique le résultat, le second l'action :

È fermo. Il est immobile.
È stato fermato dalla polizia. Il a été arrêté par la police.

Il camion è carico. Le camion est chargé.
Il camion è stato caricato in due ore. Le camion a été chargé en deux heures.
Chi va piano, va sano e va lontano. Qui veut aller loin ménage sa monture.
(Littéralement : qui va doucement, va sûrement et va loin.)

Movimenti e gesti | *Mouvements et gestes*

alzarsi	se lever
sedersi	s'asseoir
dondolarsi (3)	se balancer
chinarsi	se pencher
sporgersi da	se pencher par
apparire	apparaître
scomparire	disparaître
salire (4)	monter
la salita	la montée
arrampicare (5)	grimper
arrampicarsi su	
scendere (6)	descendre
la discesa	la descente
saltare (7)	sauter
balzare	bondir
rimbalzare	rebondir
inciampare	trébucher
attraversare	traverser
scivolare (8)	glisser
cadere (9)	tomber
cadere a capofitto	tomber la tête la première
la caduta	la chute
trascinarsi	se traîner
strisciare	se traîner par terre
indietreggiare, andare indietro	reculer
tornare	revenir, rentrer
ritornare	retourner, revenir
il ritorno	le retour
essere di ritorno	être de retour
il giro	le tour
girare	tourner
fare il giro del mondo	faire le tour du monde
fare un giretto	faire un petit tour
fare una girata	faire un tour
la giravolta	la pirouette
voltarsi	se tourner

POUR ALLER PLUS LOIN

girare un assegno	endosser un chèque
il Giro	le tour d'Italie
il giro di Francia	le tour de France
il girotondo	la ronde
essere su di giri	être euphorique, survolté
prendere in giro qualcuno	se moquer de quelqu'un
un giro di boa (au sens figuré)	un tournant décisif
essere nel giro	être dans le coup
Si è arricchito nel giro di due anni.	Il s'est enrichi en l'espace de deux ans.

● Contrairement au français, les verbes ***apparire, scomparire, balzare, inciampare, scivolare*** se conjuguent avec l'auxiliaire ***essere*** :

È scivolato, è scivolata.	Il a glissé, elle a glissé.
Sono scomparsi.	Ils ont disparu.
Siamo balzati.	Nous avons bondi.

L'azione | *L'action*

fare	faire	**il cenno**	le signe, le geste
prendere	prendre	**tirare**	lancer, tirer
tenere	tenir	**spingere**	pousser
afferrare	saisir	**strappare**	arracher
reggere	soutenir, supporter	**levare, togliere**	enlever, ôter
mettere	mettre, poser	**strizzare l'occhio, ammiccare**	cligner de l'œil
sistemare	placer, installer	**stringere**	serrer
mettere da parte	mettre de côté	**piegare**	plier
introdurre	introduire	**rompere**	casser
pigiare	presser, entasser	**circondare**	entourer
agitare	agiter	**avvolgere**	envelopper
scuotere	secouer	**legare**	lier
la scossa	la secousse	**sfiorare**	effleurer, frôler
colpire	frapper	**capovolgere**	renverser
il colpo	le coup	**calpestare**	piétiner
dare un calcio (10)	donner un coup de pied	**la traccia**	la trace
dare un pugno (11)	donner un coup de poing	**portare via**	emporter, emmener
accennare	indiquer, faire signe	**portare** (12)	apporter, amener, emmener, emporter

POUR ALLER PLUS LOIN

● Pour indiquer le geste, le mouvement, on emploie le mot ***la mossa, il cenno*** étant plutôt le signe de la main, de la tête :

fare un cenno con la mano, — faire un geste, un signe de la main ;

Ha spostato il bicchiere con una mossa rapida. — Il a déplacé le verre d'un geste rapide.

La mossa a pris également le sens figuré de « manœuvre » :

È una mossa politica. — C'est une manœuvre politique.

● Rappelons que les verbes italiens peuvent être substantivés et employés avec des prépositions surtout à l'écrit :

lo sfiorare — l'effleurement

Nel chinarsi strappò il vestito. — En se penchant, elle arracha sa robe.

Il dare troppa importanza a questo fenomeno è negativo. — Donner trop d'importance à ce phénomène est négatif.

9

Il tempo

Le temps

Il tempo e le sue divisioni (1) | *Le temps et ses divisions (1)*

il momento	le moment
l'attimo, l'istante	l'instant
l'era	l'ère
l'epoca	l'époque
il periodo	la période
il secolo	le siècle
il millennio	le millénaire
l'anno	l'année
annuale	annuel
la stagione	la saison
la primavera	le printemps
primaverile	printanier
l'estate *(f.)*	l'été
estivo	estival
l'autunno	l'automne
autunnale	automnal
l'inverno	l'hiver
invernale	hivernal

il calendario (1)	le calendrier
la data (2)	la date
il trimestre	le trimestre
il mese	le mois
mensile	mensuel
gennaio	janvier
febbraio	février
marzo	mars
aprile	avril
maggio	mai
giugno	juin
luglio	juillet
agosto	août
settembre	septembre
ottobre	octobre
novembre	novembre
dicembre	décembre

POUR ALLER PLUS LOIN

● **La date**
Quanti ne abbiamo ? Le combien sommes-nous ?
Ne abbiamo venti ou bien ***È il 20***. Nous sommes le 20, c'est le 20.

Attention ! On dit toujours : ***È il primo***. C'est le premier.

● **L'année :** on emploie toujours l'article.
È nata nel 1978. Elle est née en 1978.
Era nel 1989. C'était en 1989.

● **Les siècles :** on emploie les ordinaux.
Il XIX secolo, le XIXe siècle, mais à partir du XIIIe siècle, jusqu'au XXe siècle, on peut utiliser le nombre des centaines substantivé et écrit avec une majuscule ; ainsi le XIIIe siècle (1200-1299) devient ***il Duecento***, le XVe siècle (1400-1499) devient ***il Quattrocento***, mais le Xe siècle est ***il decimo secolo***, le XXIe siècle ***il ventunesimo secolo***.

Avant Jésus-Christ se dit ***avanti Cristo***, abrégé en ***a.C*** ; après Jésus-Christ, ***dopo Cristo***.
(voir chapitre 18)

Il tempo e le sue divisioni (2) | *Le temps et ses divisions (2)*

la settimana	la semaine
il fine settimana	le week-end
settimanale	hebdomadaire
il giorno	le jour
la giornata	la journée
un giorno feriale	un jour ouvrable
un giorno festivo	un jour férié
lunedì	lundi
martedì	mardi
mercoledì	mercredi
giovedì	jeudi
venerdì	vendredi
sabato	samedi
domenica *(f.)*	dimanche
la vigilia	la veille
l'indomani	le lendemain
l'alba	l'aube
lo spuntar del giorno	le lever du jour
il mattino, la mattina	le matin
mezzogiorno	midi
il pomeriggio, il dopopranzo	l'après-midi
la sera	le soir
sul far della notte	à la tombée de la nuit
la notte (3)	la nuit
mezzanotte (4)	minuit
l'ora	l'heure
il minuto	la minute
il secondo	la seconde
l'orologio	l'horloge, la montre
ho molta furia, ho molta fretta	je suis très pressé
è urgente	c'est urgent
non ho tempo	je n'ai pas le temps

POUR ALLER PLUS LOIN

● Pour indiquer l'heure, on fait précéder le chiffre des heures de l'article défini :

Che ore sono ?	Quelle heure est-il ?
È l'una. Il est une heure.	***Sono le tre.*** Il est trois heures.
Lo spettacolo comincia alle nove.	Le spectacle commence à neuf heures.
Sono le tre e cinque.	Il est trois heures cinq.
Sono le cinque e dieci.	Il est cinq heures dix.
Sono le sette e un quarto.	Il est sept heures et quart.
Sono le tre e un quarto.	Il est trois heures et quart.
(Mancano) venti alle tre.	Trois heures moins vingt.

Exceptions

È mezzogiorno.	Il est midi.
È mezzanotte.	Il est minuit.
Gli manca un venerdì.	Il lui manque une case.
Non vedo l'ora di andare in Italia.	J'ai hâte d'aller en Italie.

Il tempo e le sue divisioni (3) | *Le temps et ses divisions (3)*

l'inizio	le début
l'origine	l'origine
la fine	la fin
il termine	le délai
l'intervallo	l'intervalle
il passato	le passé
il presente	le présent
il futuro	le futur
l'avvenire	l'avenir
attuale	actuel
immediato	immédiat
il mese scorso	le mois dernier
prossimo	prochain
seguente	suivant
permanente	permanent
passeggero	passager
temporaneo	temporaire
frequente	fréquent
eterno	éternel
antico	ancien, antique
nuovo	nouveau, neuf
ultimo	dernier
vecchio	vieux
moderno	moderne
contemporaneo	contemporain
cominciare	commencer
continuare, proseguire	continuer, poursuivre
trascorrere	passer, s'écouler
durare	durer
ripetere	répéter

POUR ALLER PLUS LOIN

● L'expression du temps
– Pour exprimer la durée on emploie la préposition ***da*** (action qui dure encore) :
Abita a Milano da dieci anni. Il habite à Milan depuis dix ans.
On peut utiliser également le verbe ***essere + che*** :
Sono dieci anni che abita a Milano. Il y a dix ans qu'il habite à Milan.
– Pour indiquer le temps écoulé depuis une action qui est terminée, on emploie l'expression temporelle + ***fa*** :
È partito cinque anni fa. Il est parti il y a cinq ans.
– Le temps d'attente se rend par la préposition ***fra*** :
Arriverà fra dieci giorni. Elle arrivera dans dix jours.

Attention !

Da consumare entro il 30 giugno.	À consommer avant le 30 juin.
Non sono uscita per tre giorni.	Je ne suis pas sortie pendant trois jours.
dalla guerra in poi	depuis la guerre
un giorno sì, un giorno no	un jour sur deux
ogni due giorni	tous les deux jours
ogni tre mesi	tous les trois mois

Les contes commencent par ***« C'era una volta… »,*** « Il était une fois… »

Avverbi e preposizioni | Adverbes et prépositions

ora, adesso	maintenant, à présent
oggi	aujourd'hui
l'altro ieri	avant-hier
ieri	hier
domani	demain
dopodomani	après-demain
presto	bientôt, tôt
tardi	tard
sempre	toujours
sempre più	de plus en plus
sempre meno	de moins en moins
mai	jamais
spesso	souvent
recentemente	récemment
a volte, qualche volta	quelquefois
ogni tanto	de temps en temps
di nuovo	de nouveau
ancora	encore
d'ora in poi	dorénavant
di rado, raramente	rarement
prima	auparavant, avant
prima o poi	tôt ou tard
dopo	après, ensuite
durante	pendant, durant
da	depuis, à partir de
fino a	jusqu'à
poi	puis
allora	alors
già	déjà
per ora	pour le moment
intanto	pendant ce temps, en attendant
mentre	pendant que, alors que, tandis que
appena	aussitôt que, dès que
ad un tratto, all'improvviso	tout à coup, soudain
subito	tout de suite
lentamente, piano	lentement
in anticipo	en / à l'avance
di solito	d'habitude
ormai	désormais

EXPRESSIONS COURANTES

● ***Presto*** se traduit, selon le contexte, par « bientôt », par « tôt » ou par « vite » :

A presto !	À bientôt !
Saranno presto di ritorno.	Ils seront bientôt de retour.
È troppo presto per dirlo.	Il est trop tôt pour le dire.
Mi alzo presto.	Je me lève tôt.
al più presto	le plus tôt possible
Si fa presto a criticare.	On a vite fait de critiquer.
Fate presto !	Faites vite !
A fra poco !	À tout à l'heure !

● ***Già*** sert à indiquer une constatation :

Già, capisco.	Je comprends (bien).
Già, hai ragione.	Eh oui, tu as raison. / Oui, tout à fait.

10

La natura
La nature

... " ONDATA DI CALDO A ROMA : 42 GRADI ALL' OMBRA ... "
1
4
7
3
6
8
14
15
9
2

Il cielo e la terra | Le ciel et la terre

il mondo	le monde
lo spazio	l'espace
il cosmo	le cosmos
l'universo	l'univers
l'astro	l'astre
il pianeta	la planète
la stella	l'étoile
brillare	briller
il sole (1)	le soleil
lo spuntar del sole	le lever du soleil
il tramonto	le coucher de soleil
la luna	la lune
l'ombra (2)	l'ombre
l'orizzonte	l'horizon
il nord	le nord
il sud, il mezzogiorno	le sud
l'est	l'est
l'ovest	l'ouest
il levante	le levant
il ponente	le couchant
l'oriente	l'orient
l'occidente	l'occident
il polo	le pôle
l'Equatore	l'Équateur
equatoriale	équatorial
il meridiano	le méridien
il Tropico del Cancro	le Tropique du Cancer
il Tropico del Capricorno	le Tropique du Capricorne
tropicale	tropical
l'Artico	l'Arctique
l'Antartico	l'Antarctique
il continente	le continent

POUR ALLER PLUS LOIN

● ***La luna***

È luna piena. C'est la pleine lune. Il existe un mot plus savant, ***il plenilunio*** ;

È luna nuova ou ***il novilunio***. C'est la nouvelle lune.

il chiaro di luna le clair de lune ;

con questi chiari di luna par les temps qui courent ;

la luna di miele la lune de miel.

● ***La stella***

la stella polare l'étoile Polaire ;

la stella cadente l'étoile filante ;

vedere le stelle en voir trente-six chandelles.

Attention à l'absence d'article :

a nord, a sud, ad est, ad ovest au nord, au sud, à l'est, à l'ouest

● ***L'oroscopo e i segni dello zodiaco***, l'horoscope et les signes du zodiaque : ***ariete***, Bélier ; ***toro***, Taureau ; ***gemelli***, Gémeaux ; ***cancro***, Cancer ; ***leone***, Lion ; ***vergine***, Vierge ; ***bilancia***, Balance ; ***scorpione***, Scorpion ; ***sagittario***, Sagittaire ; ***capricorno***, Capricorne ; ***acquario***, Verseau ; ***pesci***, Poissons.

La geografia — La géographie

la geologia	la géologie
il rilievo	le relief
il terreno	le terrain
il suolo	le sol
il sottosuolo	le sous-sol
il paesaggio	le paysage
l'altopiano	le plateau
la montagna (3)	la montagne
il monte	le mont
la cima, la vetta (4)	le sommet
il picco	le pic
il vulcano (5)	le volcan
il terremoto	le tremblement de terre
la valanga	l'avalanche
la frana	le glissement de terrain
la collina (6)	la colline
il poggio	le coteau
il versante	le versant
il pendio, la china	la pente
il valico, il passo, il colle	le col
la vallata, la valle	la vallée
il deserto	le désert
la duna	la dune
l'oasi	l'oasis
la foresta	la forêt
il bosco (7)	le bois
la pianura	la plaine
la giungla	la jungle
la savana	la savane

EXPRESSIONS COURANTES

il monte Bianco	le mont Blanc
il monte Rosa	le mont Rose
a monte	en amont
a valle	en aval
Promettono mari e monti.	Ils promettent monts et merveilles.
Il progetto è andato a monte.	Le projet a échoué. Le projet est tombé à l'eau.
per monti e per valli	par monts et par vaux
da cima a fondo	de fond en comble

● L'emploi de ***frana*** est familier dans l'expression ***essere una frana***, être un bon à rien, faire des bêtises, être nul… :
La nuova segretaria è una frana ! La nouvelle secrétaire en fait de toutes les couleurs !

Minerali, metalli, fonti energetiche | *Minéraux, métaux sources d'énergie*

la pietra	la pierre
la sabbia	le sable
la roccia (8)	la roche, le rocher
roccioso	rocheux
la grotta (9)	la grotte
la cava	la carrière
la miniera	la mine
il minatore	le mineur
estrarre	extraire
il carbone	le charbon
il marmo	le marbre
il travertino	le travertin
l'alabastro	l'albâtre
il tufo	le tuf
scavare	creuser
il metallo	le métal
metallico	métallique
il ferro	le fer
il rame	le cuivre
l'oro	l'or
l'argento	l'argent
il piombo	le plomb
lo stagno	l'étain
l'uranio	l'uranium
la fonte energetica	la source d'énergie
il petrolio	le pétrole
il gas	le gaz
il metano	le méthane
l'energia nucleare	l'énergie nucléaire

POUR ALLER PLUS LOIN

- ***Sogni d'oro !*** Fais (faites) de beaux rêves !
l'età dell'oro l'âge d'or
Le titre du film *La Ruée vers l'or* devient en italien ***La febbre dell'oro***.

- Attention à la préposition ***di*** pour indiquer la matière :
una moneta d'oro une monnaie en or
una scala di marmo un escalier en marbre

- Les carrières de marbre se trouvent dans les Alpes Apuanes, ***le Alpi Apuane***, c'est-à-dire dans l'arrière-pays (***l'entroterra***) de Carrare ; en outre, de nombreux sculpteurs viennent régulièrement dans cette région et y installent souvent leur atelier.

- ***Il petrolio :***
un giacimento petrolifero, un gisement de pétrole ;
il greggio le (pétrole) brut
il pozzo petrolifero le puits de pétrole
l'oleodotto l'oléoduc
la raffineria la raffinerie

- Les Italiens ne touchent pas du bois pour conjurer le mauvais sort, mais du fer : ***Tocca ferro !*** Touche du bois !
Non è tutto oro quel che lucicca. Tout ce qui brille n'est pas or.

L'acqua, il mare | *L'eau, la mer*

l'acqua dolce	l'eau douce
l'acqua salata	l'eau salée
l'oceano (10)	l'océan
l'onda (11)	la vague
la marea	la marée
l'isola	l'île
il litorale	le littoral
la costa	la côte
la spiaggia (12)	la plage
la riva (13)	la rive
in riva al mare	au bord de la mer
lo stretto	le détroit
la cala	l'anse
la baia	la baie
il golfo	le golfe
la scogliera	la falaise
lo scoglio	l'écueil, le rocher
la punta	la pointe
il capo	le cap
la penisola	la péninsule
il porto	le port
il fiume	le fleuve, la rivière
la sponda	la berge, le bord
il ruscello (14)	le ruisseau
il torrente	le torrent
la sorgente	la source
la foce	l'embouchure
la corrente	le courant
il lago	le lac
la palude	le marécage
il fango	la boue
le sabbie mobili	les sables mouvants
un'alluvione	une inondation
il canale	le canal
il ponte	le pont
la chiusa	l'écluse

EXPRESSIONS COURANTES

l'alta marea, la marée haute ; ***la bassa marea***, la marée basse.

● ***Il mare*** est un substantif masculin, on dira donc ***il Mediterraneo***, la Méditerranée ; ***il mar Nero***, la mer Noire ; ***il mar Morto***, la mer Morte.

essere in alto mare, être dans une impasse, être loin du but
La sua casa è un porto di mare. On entre chez lui comme dans un moulin.
C'era un mare di gente. Il y avait un tas de gens.

Attention ! Le mot ***il fiume*** signifie « le fleuve », mais aussi « la rivière », ***la Riviera*** étant la Côte d'Azur, la Riviera italienne.

Tra il dire e il fare c'è di mezzo il mare. Il y a loin de la coupe aux lèvres.

Il clima e il tempo (1) | Le climat et le temps (1)

l'atmosfera	l'atmosphère
l'aria	l'air
la temperatura	la température
il termometro (15)	le thermomètre
il barometro	le baromètre
il bollettino meteorologico	le bulletin météorologique
è (fa) bel tempo	il fait beau
è brutto tempo	il fait mauvais
il caldo	la chaleur
fa caldo	il fait chaud
l'ondata di caldo	la vague de chaleur
l'afa	la chaleur étouffante, lourde
afoso	suffocant, étouffant
la siccità	la sécheresse
secco, asciutto	sec
temperato	tempéré
tiepido	tiède
mite	doux
coperto	couvert
il freddo	le froid
fa freddo	il fait froid
il ghiaccio	la glace, le verglas
il gelo	le gel
gelare	geler
la brina	le givre ; la gelée blanche
la neve	la neige
il fiocco	le flocon
nevicare	neiger
sciogliersi	fondre

EXPRESSIONS COURANTES

Che tempo fa ? Quel temps fait-il ? – ***È caldo / fa caldo***, il fait chaud.
Soffrire il caldo, souffrir de la chaleur ; ***soffrire il freddo***, souffrir du froid.
Si muore dal caldo qui. On meurt de chaud ici.

cielo sereno, ciel dégagé ; ***cielo velato***, ciel voilé ;
temperature stazionarie, in lieve aumento, in lieve diminuzione, températures stationnaires, en légère hausse, en légère baisse ;
temperature superiori (inferiori) alla norma, températures supérieures (inférieures) à la normale ;
peggioramento (miglioramento) sulle regioni nord occidentali, aggravation (amélioration) sur le nord-ouest ;
Il maltempo interessa tutte le regioni della penisola / tutto l'arco alpino. Le mauvais temps touche toute la péninsule / toute la chaîne des Alpes.

Il clima e il tempo (2) | *Le climat et le temps (2)*

la nuvola (16)	le nuage
nuvoloso	nuageux
la pioggia	la pluie
piovere	pleuvoir
piovoso	pluvieux
la goccia	la goutte
la pioggerella	la pluie fine, la bruine, le crachin
l'acquazzone	l'averse
umido	humide
bagnato	mouillé
la nebbia	le brouillard
la foschia, la caligine	la brume
il vapore	la vapeur
la grandine	la grêle
il vento	le vent
lo scirocco	le sirocco
il maestrale	le mistral
la tramontana	la tramontane
la raffica	la rafale
la brezza	la brise
il temporale	l'orage
il tuono	le tonnerre
il lampo	l'éclair
il fulmine	la foudre
la schiarita	l'éclaircie
l'arcobaleno	l'arc-en-ciel
la tempesta	le tempête
la bufera	la tourmente, la tempête
il ciclone	le cyclone
la tromba d'aria	le tourbillon
l'uragano	l'ouragan

POUR ALLER PLUS LOIN

Il cielo è nuvoloso.	Le ciel est nuageux.
Piove a dirotto, a catinelle.	Il pleut à verse, il pleut à seaux.
Tira vento.	Il fait du vent, il y a du vent.

● Les verbes ***piovere, nevicare***, aux temps composés, se conjuguent avec l'auxiliaire ***essere***, mais on trouve de plus en plus l'auxiliaire ***avere*** :

È piovuto, ha piovuto.	Il a plu.
È nevicato, ha nevicato.	Il a neigé.
il colpo di fulmine	le coup de foudre
Chi semina vento, raccoglie tempesta.	Qui sème le vent, récolte la tempête.

2
4
1
3

Le piante
Les plantes

Alberi e piante — *Arbres et plantes*

l'albero	l'arbre
l'albero da frutta	l'arbre fruitier
il tronco (1)	le tronc
il ramo (2)	la branche
la radice (3)	la racine
la corteccia	l'écorce
la foglia (4)	la feuille
il platano	le platane
il frassino	le frêne
il pioppo	le peuplier
il faggio	le hêtre
la quercia	le chêne
la quercia da sughero	le chêne-liège
il leccio	le chêne-vert, l'yeuse
l'olmo	l'orme
il mirto	le myrthe
l'abete (5)	le sapin
il pino	le pin
il cipresso	le cyprès
la palma	le palmier
il castagno	le châtaignier
l'ippocastano	le marronnier
il salice piangente	le saule pleureur
la betulla (6)	le bouleau
la magnolia	le magnolia
l'olivo	l'olivier
il mandorlo	l'amandier
il limone (7)	le citronnier
l'arancio	l'oranger
il fico	le figuier
la canna	le roseau
il bambù	le bambou
la vite	la vigne (plante)
il rovo	la ronce
la felce	la fougère
il fungo	le champignon

POUR ALLER PLUS LOIN

- Il existe les suffixes ***eto*** et ***eta*** pour désigner un lieu planté de certaines variétés d'arbres :
un castagneto, une châtaigneraie ;
un querceto, une chênaie ;
il pineto, la pineta, la pinède.
- ***La domenica delle Palme*** est le dimanche des Rameaux.
- On utilise le gallicisme ***champignon*** pour indiquer le champignon de Paris.
- ***Il porcino*** est le cèpe et ***il tartufo bianco*** est la truffe blanche que l'on râpe sur le ***carpaccio*** ou sur les pâtes.
saltare di palo in frasca, passer du coq à l'âne. (Mot à mot : sauter du poteau à la branche.)

Piante e fiori | Plantes et fleurs

il seme	la semence, la graine
il gambo, lo stelo (8)	la tige
il boccio, il bocciolo	le bouton
il petalo (9)	le pétale
il fiore	la fleur
il mazzo	le bouquet
il geranio (10)	le géranium
il rosaio	le rosier
la rosa (11)	la rose
il garofano	l'œillet
la margherita	la marguerite
il giglio (12)	le lis
il mughetto	le muguet
il girasole	le tournesol
l'oleandro	le laurier-rose
il tulipano	la tulipe
il ciclamino	le cyclamen
la camelia	le camélia
la gardenia	le gardénia
la mimosa	le mimosa
l'ortensia	l'hortensia
l'azalea	l'azalée
il narciso	le narcisse
la primula	la primevère
il lilla	le lilas
la ginestra	le genêt
il fiordaliso	le bleuet
il papavero	le coquelicot
il gelsomino	le jasmin
il pitosforo	le pitosphore
il glicine	la glycine
la calla	l'arum
il crisantemo	le chrysanthème
la borraccina (13)	la mousse
l'erba (14)	l'herbe
il prato, il tappeto erboso	la pelouse, le gazon, le pré
crescere	pousser
fiorire	fleurir
appassire	faner
seccare	sécher
tagliare	couper
cogliere	cueillir
marcire	pourrir
il vaso	le pot, le vase

EXPRESSIONS COURANTES

Non c'è rosa senza spine.	Il n'y a pas de roses sans épines.
Se son rose fioriranno.	Qui vivra verra.
un romanzo all'acqua di rose	un roman à l'eau de rose
il fior fiore della nobiltà	la fine fleur de la noblesse
il Cavaliere della Rosa	le Chevalier à la Rose
la rosa dei candidati	l'éventail des candidats
Crede tutto rose e fiori.	Il voit la vie tout en rose.

12

Frutta e verdura

Fruits et légumes

14
13
22
11
12
8
9
5
4
21
10
2
20
19
15
16
1
17

Verdura e legumi | *Les légumes*

la verdura	les légumes
i legumi	les légumes secs
la patata (1)	la pomme de terre
la carota (2)	la carotte
il ravanello	le radis
il cavolo (3)	le chou
i cavoletti di Bruxelles	les choux de Bruxelles
il cavolfiore (4)	le chou-fleur
i broccoli	les brocolis
la lattuga (5)	la laitue
l'insalata	la salade
l'insalata belga, l'indivia	l'endive
la rucola	la roquette
il fagiolino (6)	le haricot vert
il fagiolo	le haricot sec
il pisello (7)	le petit pois
il sedano	le céleri
il porro (8)	le poireau
la barbabietola	la betterave rouge
il finocchio	le fenouil
il pomodoro (9)	la tomate
la fava	la fève
la lenticchia	la lentille
il cece	le pois chiche
il riso	le riz
il peperone (10)	le poivron
il peperoncino	le piment
la melanzana (11)	l'aubergine
lo zucchino	la courgette
il cetriolo (12)	le concombre
il carciofo	l'artichaut
l'asparago	l'asperge
l'aglio (13)	l'ail
la cipolla (14)	l'oignon
il prezzemolo	le persil
il basilico	le basilic
il rosmarino	le romarin
la salvia	la sauge
l'alloro	le laurier
la maggiorana	la marjolaine

EXPRESSIONS COURANTES

prendere due piccioni con una fava	faire d'une pierre deux coups
(Mot à mot : prendre deux pigeons avec une fève.)	
essere rosso come un peperone	être rouge comme une tomate
salvare capra e cavoli	ménager la chèvre et le chou
c'entra come i cavoli a merenda	ça vient comme un cheveu sur la soupe
M'importa un cavolo !	Je m'en fiche royalement !
Non ho fatto un cavolo.	Je n'ai rien fait.
Col cavolo !	Des clous !
Un libro del cavolo.	Un livre à la noix (de coco !) ; un livre nul
Faccio i cavoli miei.	Ce sont mes oignons.
Incavolarsi.	Se mettre en colère.

il cetriolino, le cornichon (au vinaigre) ; ***i capperi***, les câpres ; ***cipolline sottaceto***, des petits oignons au vinaigre ; ***i sottaceti***, les pickles ; ***il farro***, l'épeautre.

La frutta | *Les fruits*

il frutto	le fruit	**l'ananas**	l'ananas
il nocciolo (15)	le noyau	**l'avocado**	l'avocat
l'acino, il chicco	le grain (de raisin)	**il mango**	la mangue
la mela (16)	la pomme	**la banana**	la banane
la pera (17)	la poire	**il kiwi**	le kiwi
la ciliegia (18)	la cerise	**il fico**	la figue
la susina	la prune	**il dattero**	la datte
la pesca (19)	la pêche	**la noce**	la noix
l'albicocca *(f.)*	l'abricot	**la nocciola**	la noisette
la fragola (20)	la fraise	**la nocciolina**	la cacahuète
il lampone (21)	la framboise	**la noce di cocco**	la noix de coco
il ribes	la groseille	**l'anacardo**	la noix de cajou
il ribes nero	le cassis	**la mandorla**	l'amande
il melone (22)	le melon	**la castagna**	la châtaigne, le marron
l'uva *(f.)*	le raisin	**l'oliva**	l'olive
il grappolo d'uva	la grappe de raisin	**acerbo**	vert, pas mûr
l'arancia	l'orange	**maturo**	mûr
il cocomero, l'anguria *(f.)*	la pastèque	**marcio**	pourri
il mandarino	la mandarine	**succoso**	juteux
il mandarancio	la clémentine	**il candito**	le fruit confit
il limone (23)	le citron	**esotico**	exotique
il pompelmo	le pamplemousse	**il seme**	le pépin
il cachi	le kaki		

POUR ALLER PLUS LOIN

- ***Il frutto*** a deux pluriels :
– ***i frutti***, le pluriel masculin, s'emploie d'une part pour le produit de l'arbre, comme dans l'expression : ***un albero carico di frutti***, un arbre chargé de fruits et, d'autre part, au sens figuré, comme dans : ***i frutti del tuo lavoro***, les fruits de ton travail ;
– ***le frutta***, le pluriel féminin, s'utilise pour les fruits du dessert ; ce pluriel a donné un singulier ***la frutta : non mangia mai la frutta***, il ne mange jamais de fruits.

- En général, le nom de l'arbre est au masculin, ***il melo, il pero, il noce, l'olivo*** (le pommier, le poirier, le noyer, l'olivier) et le nom du fruit est au féminin, ***la mela, la pera, la noce, l'oliva*** (la pomme, la poire, la noix, l'olive).

Attention à l'accent tonique : ***il nocciolo***, le noyau (accent sur le premier o) ;
il nocciolo, le noisetier (accent sur le deuxième o).

19
11
14
1
20
16
9
10
18
5
12
8
22
4
7

13

Gli animali
Les animaux

Gli animali domestici | *Les animaux domestiques*

l'animale	l'animal
il cane	le chien
abbaiare	aboyer
il gatto	le chat
miagolare	miauler
il cavallo (1)	le cheval
la giumenta	la jument
il puledro	le poulain
nitrire	hennir
l'asino	l'âne
il mulo	le mulet
il toro	le taureau
la mucca	la vache laitière
la vacca	la vache
il vitello	le veau
il bue, (*pl.* **buoi**)	le bœuf
muggire	mugir, meugler
la mandria	le troupeau (de gros bétail)
lo zoccolo	le sabot
la pecora	la brebis, le mouton
l'ariete	le bélier
l'agnello	l'agneau
la capra (2)	la chèvre
il gregge	le troupeau
belare	bêler
il corno, le corna (3)	la corne
il porco, il maiale	le cochon
il coniglio	le lapin
la zampa (4)	la patte
la coda (5)	la queue
la gallina	la poule
il gallo	le coq
il pulcino	le poussin
il pollo	le poulet
l'anatra (6)	le canard
l'oca	l'oie
il tacchino	la dinde, le dindon
la faraona	la pintade

POUR ALLER PLUS LOIN

● En Italie du Sud, on trouve des buffles et surtout des bufflesses (***il bufalo, la bufala***) dont le lait sert à fabriquer ***la mozzarella di bufala***, une mozzarella très appréciée des connaisseurs.

● ***Il cane :***
essere ricevuto come un cane in chiesa, être reçu comme un chien dans un jeu de quilles (mot à mot : être reçu comme un chien dans une église) ;
una sete cane — une soif du diable
Non c'era un cane. — Il n'y avait pas un chat.

● ***Il gatto :***
Eravamo in quattro gatti. — On était quatre pelés et un tondu.

● ***Un corno !*** Jamais de la vie !
Facciamo le corna ! Touchons du bois ! (main fermée sauf l'index et le petit doigt tendus, pour conjurer le mauvais sort)
fare le corna al marito, alla moglie, cocufier, tromper son mari, sa femme.

Gli animali selvatici | *Les animaux sauvages*

il topo	le rat	**la pantera**	la panthère
il topolino (7)	la souris	**ruggire**	rugir
il riccio	le hérisson	**la gabbia**	la cage
lo scoiattolo (8)	l'écureuil	**la belva**	le fauve
la volpe (9)	le renard	**la tana**	la tanière
la lepre (10)	le lièvre	**mordere**	mordre
il pipistrello (11)	la chauve-souris	**l'artiglio**	la griffe
il lupo (12)	le loup	**l'orso**	l'ours
il cervo, la cerva	le cerf, la biche	**il cammello**	le chameau
il capriolo	le chevreuil	**il dromedario**	le dromadaire
il cinghiale	le sanglier	**l'elefante**	l'éléphant
lo stambecco	le bouquetin	**la zanna**	la défense, le croc
la balena	la baleine	**la proboscide**	la trompe
il delfino	le dauphin	**la giraffa**	la girafe
la foca	le phoque	**la zebra**	le zèbre
il leone	le lion	**l'ippopotamo**	l'hippopotame
la tigre	le tigre	**la scimmia**	le singe

POUR ALLER PLUS LOIN

● Le mot ***selvatico*** s'oppose à ***domestico*** ; il existe également ***selvaggio*** qui désigne les animaux qui vivent dans les forêts.
il lupo mannaro, le loup-garou.

● Avant un examen, une épreuve
on dit : ***In bocca al lupo !*** Bonne chance ! (Mot à mot : dans la gueule du loup) ;
on répond : ***Crepi (il lupo) !*** Qu'il crève !

● En Italie, « la langue » des animaux n'est pas la même qu'en France :
un chien fait ***bau bau***, ouah ouah ;
un chat : ***miao*** ou bien ***miau***, miaou ;
le coq : ***chicchirichì***, cocorico ;
la poule : ***coccodè***, cot cot codet ;
un poussin : ***pio pio***, pioupiou ;
un oiseau : ***cip cip***, cui-cui ;
l'âne : ***iha***, hihan.

● ***Il lupo perde il pelo ma non il vizio.*** Qui a bu boira / Le loup mourra dans sa peau. (Mot à mot : le loup perd son poil mais pas son vice.)
Lupus in fabula. Quand on parle du loup, on en voit la queue.

Uccelli e pesci | Oiseaux et poissons

l'uccello (13)	l'oiseau
la rondine (14)	l'hirondelle
il passerotto	le moineau
il merlo	le merle
l'usignolo	le rossignol
la colomba	la colombe
il piccione	le pigeon
il corvo	le corbeau
l'allodola	l'alouette
la pernice	la perdrix
l'aquila	l'aigle
il falco	le faucon
l'avvoltoio	le vautour
la civetta	la chouette
il gufo (15)	le hibou
la cicogna	la cigogne
il gabbiano (16)	la mouette
l'airone	le héron
il cigno (17)	le cygne
il pappagallo	le perroquet
il pinguino	le pingouin
il pavone (18)	le paon
il pettirosso	le rouge-gorge
la gazza (19)	la pie
l'ala (*pl.* **le ali**) **(20)**	l'aile
la piuma, la penna	la plume
il becco	le bec
il nido	le nid
l'asilo nido	la crèche, la pouponnière
volare	voler
il pesce	le poisson
la trota	la truite
la sardina	la sardine
l'acciuga	l'anchois
la sogliola	la sole
il tonno	le thon
il salmone	le saumon
l'orata	la daurade
la spigola, il branzino	le bar, le loup
il rombo	le turbot
il merluzzo	la morue
il baccalà	la morue séchée
il pescespada	l'espadon
il pescecane	le requin

EXPRESSIONS COURANTES

Fare la civetta.	Faire la coquette.
Non ha il becco di un quattrino.	Il n'a pas un sou vaillant.
Non mettere il becco nei miei affari !	Ne mets pas le nez dans mes affaires !
essere pigiati come sardine, come acciughe	être serrés comme des sardines
avere la lisca (*fam.* ; ***la lisca*** = l'arête)	zézayer, zozoter
È secco come un baccalà.	Il est sec comme un hareng.
Mi sembri un baccalà !	On dirait une andouille !
Una rondine non fa primavera.	Une hirondelle ne fait pas le printemps.

Molluschi, insetti, rettili | *Mollusques, insectes, reptiles*

la lumaca, la chiocciola (21)	l'escargot
il guscio	la coquille
la conchiglia	le coquillage
l'ostrica	l'huître
la cozza	la moule
il granchio	le crabe
l'aragosta	la langouste
il riccio (di mare)	l'oursin
il calamaro	l'encornet, le calmar
il polpo	le poulpe
l'insetto	l'insecte
il ronzio	le bourdonnement
la mosca	la mouche
la zanzara	le moustique
la vespa	la guêpe
l'ape	l'abeille
l'alveare, l'arnia	la ruche
la farfalla	le papillon
la libellula	la libellule
il bruco	la chenille
lo scarabeo	le scarabée
la formica	la fourmi
il ragno (22)	l'araignée
la ragnatela	la toile d'araignée
la pulce	la puce
la cavalletta	la sauterelle
il pidocchio	le pou
il verme	le ver
la rana (23)	la grenouille
il rospo	le crapaud
il rettile	le reptile
il serpente (24)	le serpent
la vipera	la vipère
il veleno	le poison, le venin
la biscia	la couleuvre
la lucertola	le lézard
il ramarro	le lézard vert
il geco	le gecko
la tartaruga	la tortue

EXPRESSIONS COURANTES

il gamberetto	la crevette
lo scampo	la langoustine
l'astice	le homard

● ***La lucciola*** est « le ver luisant, la luciole » mais dans la langue familière, c'est aussi « la prostituée ».

Non cava un ragno dal buco. Il n'aboutit à rien. (Mot à mot : il ne tire pas une araignée d'un trou.)

Ha ingoiato un rospo. Il a avalé une couleuvre.

Mi ha messo una pulce nell'orecchio. Il m'a mis la puce à l'oreille.

La vita in campagna
La vie à la campagne

Agricoltura e allevamento | *Agriculture et élevage*

la campagna	la campagne
il contadino (1)	le paysan
l'agricoltore	l'agriculteur
il coltivatore diretto	le cultivateur
agricolo	agricole
il borgo	le bourg
il villaggio, il paese (2)	le village
la frazione	le hameau
la fattoria (3)	la ferme (maison)
il podere	la ferme (propriété)
la tenuta	le domaine
l'aia	l'aire (de battage)
il cortile	la cour
il cortile rustico	la basse-cour
il pollame (4)	la volaille
il pollaio	le poulailler
il fienile	le fenil, la grange
l'orto	le potager
la stalla (5)	l'étable, l'écurie
la rimessa, la tettoia	le hangar, l'auvent
il pozzo	le puits
il prato (6)	le pré
il campo (7)	le champ
il grano	le blé
il chicco (8)	le grain
il granoturco	le maïs
l'orzo	l'orge
la paglia	la paille
il fieno (9)	le foin
l'allevamento	l'élevage
l'allevatore	l'éleveur
allevare	élever (animaux)
il bestiame	le bétail
il pastore (10)	le berger
il porcile	la porcherie
l'ovile	la bergerie

POUR ALLER PLUS LOIN

cercare un ago in un pagliaio, chercher une aiguille dans une meule de foin ;
dalle stelle alle stalle, de la cour à la basse-cour (mot à mot : des étoiles aux étables, pour indiquer que l'on passe d'une bonne à une mauvaise situation).

● ***Il cafone*** désignait dans le passé le paysan de l'Italie du Sud. Ce terme est utilisé à présent dans le sens de grossier, mal élevé : ***È un cafone !*** C'est un goujat !

● ***La stalla***, l'étable, l'écurie. Il existe le terme plus spécifique ***la scuderia***, l'« écurie », que l'on utilise également pour les voitures de course, les cyclistes courant pour une même marque.

I lavori dei campi | Les travaux des champs

la coltivazione, la coltura	la culture (des champs)
arare	labourer
il trattore (11)	le tracteur
l'aratro	la charrue
il solco	le sillon
la zolla	la motte de terre
il concime	l'engrais
seminare	semer
piantare	planter
annaffiare	arroser
l'annaffiatoio (12)	l'arrosoir
la sistola, il tubo	le tuyau d'arrosage
irrigare	irriguer
la risaia	la risière
il canale	le canal
la raccolta	la récolte (action)
il raccolto	la récolte (ce qui est récolté)
la mietitura	la moisson
la mietitrebbiatrice	la moissonneuse-batteuse
segare	faucher
la falce	la faux
il falcetto	la faucille
la roncola	la serpe
la vendemmia	les vendanges
il vendemmiatore	le vendangeur
il viticoltore	le viticulteur
il vigneto	le vignoble
il filare	la rangée
il tralcio	le sarment
la botte (13)	le tonneau
il torchio	le pressoir
il frantoio	le pressoir à huile ; le pressoir (bâtiment)
la serra	la serre
l'alveare, l'arnia	la ruche

EXPRESSIONS COURANTES

● La culture, « les connaissances », est ***la cultura***.
uscire dal seminato, s'éloigner du sujet, battre la campagne ;
mettere qualcuno sotto il torchio, mettre quelqu'un sur la sellette.
Che giornata campale oggi ! Quelle journée fatigante, quelle rude journée aujourd'hui !
(voir chapitres 11, 12 et 13)

La vita in città
La vie urbaine

La città (1) | La ville (1)

la metropoli	la métropole
la capitale	la capitale
il centro storico	le centre historique
andare in centro	aller en ville
centrale	central
periferico	périphérique
i sobborghi	les faubourgs
la periferia	la banlieue
i dintorni	les environs
il quartiere, il rione	le quartier
il caseggiato, l'isolato	le pâté de maisons
il quartiere residenziale	le quartier résidentiel
la borgata	le bidonville
il centro commerciale	le centre commercial
la pianta della città	le plan de la ville
l'azienda autonoma di soggiorno	le syndicat d'initiative
l'ufficio informazioni turistiche	l'office de tourisme
il piano regolatore	le plan d'urbanisme
l'area fabbricabile	le terrain à bâtir
il cantiere	le chantier
l'edificio (1)	l'édifice
la costruzione	le bâtiment
il grattacielo	le gratte-ciel
la torre (2)	la tour
il palazzo	l'immeuble
il rumore	le bruit
rumoroso	bruyant
tranquillo	tranquille

POUR ALLER PLUS LOIN

● ***una via pedonale***, une rue piétonnière. Bien des villes italiennes ont gardé leur aspect moyenâgeux : rues étroites où il est difficile de circuler en voiture, d'où la naissance des rues piétonnières.

vietato ai non residenti, interdit, sauf aux riverains ;
lasciare libero il passo, sortie de garage, interdiction de stationner.
vietato ai non addetti ai lavori, chantier interdit au public.

● ***il palazzo*** est l'immeuble mais également le « palais » : ***il palazzo Corner, il palazzo di Versailles***, le palais Corner, le palais de Versailles, alors que ***la palazzina*** peut être le « petit immeuble » ou l'« hôtel particulier ».

La città (2) | La ville (2)

la via	la rue
il viale	l'avenue, le boulevard
la circonvallazione	le boulevard extérieur/de ceinture
il corso	le cours, l'avenue
la piazza	la place
il largo	la petite place, le carrefour
il vicolo	la ruelle
il vicolo cieco	l'impasse
il piazzale	l'esplanade
il marciapiede	le trottoir
la carreggiata	la chaussée
il chiosco	le kiosque
l'edicola	le kiosque à journaux
il lampione (3)	le lampadaire
il giardino pubblico	le jardin public
la fontana	la fontaine
la vasca	le bassin
lo zampillo	le jet d'eau
lo zoo, il giardino zoologico	le zoo, le jardin zoologique
il giardino botanico	le jardin botanique
l'angolo	le coin
i portici	les arcades
il municipio, il comune	la mairie
il sindaco	le maire
il duomo, la cattedrale	la cathédrale
la chiesa (4)	l'église
il campanile	le clocher
il cimitero, il camposanto	le cimetière
il museo	le musée
il teatro	le théâtre
la biblioteca	la bibliothèque
l'archivio	les archives
l'ospedale	l'hôpital
il parcheggio sotterraneo	le parking souterrain
parcheggiare	stationner
vietato parcheggiare	interdit de stationner
sosta vietata, divieto di sosta	stationnement interdit
il senso unico	le sens unique

POUR ALLER PLUS LOIN

sulla strada, sur la route ; ***in strada***, dans la rue.

● À Venise, on parle de ***la calle*** qui remplace la rue ; la place est ***il campo*** et un petit canal, ***un rio***. On prend ***un vaporetto***, un « bateau-bus ». Pour traverser les canaux, on peut prendre ***il traghetto***, une gondole qui va d'une rive à l'autre. Au sens général, ***il traghetto*** est le « bac », le « ferry ».
il lungofiume, le quai d'un fleuve (d'une rivière) ; ***il lungotevere***, le quai du Tibre ; ***il lungarno***, le quai de l'Arno.

Attention ! Ne laissez pas votre voiture en stationnement gênant (***la rimozione forzata***) ; la dépanneuse, ***il carro attrezzi***, pourrait vous l'enlever et vous devriez payer une amende, ***una multa***, afin de rentrer en sa possession.

Gli abitanti, i trasporti urbani | Les habitants, les transports urbains

il cittadino	le citadin
l'abitante	l'habitant
il vicino	le voisin
la folla	la foule
la ressa	la cohue
il pedone (5)	le piéton
il passaggio pedonale	le passage pour piétons
l'incrocio	le croisement
la rotonda	le rond-point
il semaforo	le feu tricolore
attraversare	traverser
l'ingorgo	l'embouteillage
fare la fila	faire la queue
la metropolitana, il metrò	le métro
la stazione	la gare, la station de métro
la tranvia, il tram	le tramway
il filobus	le trolley-bus
l'autobus	l'autobus
il pullman	le car
l'autista	le conducteur, le chauffeur
la fermata	l'arrêt
il tassì, il taxi	le taxi
il tassista	le chauffeur de taxi
la polizia	la police
il poliziotto	le policier
il vigile urbano	l'agent de police
la questura	le commissariat
il furgone, il cellulare	la voiture de police
il guardiano notturno	le gardien de nuit
sorvegliare	surveiller
l'ordine pubblico	l'ordre public

POUR ALLER PLUS LOIN

- Dans la plupart des villes italiennes, on achète son ticket, ***il biglietto***, avant de monter dans le car ou dans l'autobus.
la fermata a richiesta, l'arrêt facultatif.
- Il peut exister un service de ramassage scolaire, ***il servizio di scuolabus***, avec de petits cars qui portent l'inscription ***scuolabus***, transport d'enfants.
- ***La questura*** dépend du ministère de l'Intérieur ; elle possède un siège auprès de chaque chef-lieu de province. Elle est chargée d'assurer l'ordre public. Il existe aussi ***il metronotte***, le veilleur de nuit, un vigile appartenant à une entreprise de surveillance.
- Les personnes qui doivent faire la navette entre leur habitation et leur lieu de travail sont appelées ***i pendolari*** (comme les banlieusards à Paris).
È passato con il rosso. Il a brûlé un feu rouge.
È passato con il giallo. Il est passé à l'orange.

I servizi pubblici | *Les services publics*

l'ufficio postale	le bureau de poste
la posta	la poste, le courrier
la lettera	la lettre
la busta	l'enveloppe
la cartolina	la carte postale
il francobollo	le timbre (poste)
attaccare	coller un timbre
mandare	envoyer
imbucare	mettre à la poste
la buca/la cassetta delle lettere	la boîte aux lettres
il postino	le facteur
il telegramma	le télégramme
il vaglia	le mandat
il telefono	le téléphone
telefonare	téléphoner
la cabina telefonica	la cabine téléphonique
l'elenco telefonico	l'annuaire
la tessera, la scheda telefonica	la carte de téléphone
alzare il ricevitore	décrocher le combiné
riattaccare il ricevitore	raccrocher le combiné
comporre un numero	composer un numéro
una telefonata	un coup de fil
il vigile del fuoco	le pompier
l'incendio	l'incendie
l'autopompa	la voiture de pompiers
lo spazzino, il netturbino, l'operatore ecologico	l'éboueur
l'immondizia	les ordures

POUR ALLER PLUS LOIN

● Le sigle ***PT*** signifie ***Poste e telegrafi***. On peut téléphoner dans les agences de ***Telecom Italia***, l'équivalent de nos agences France-Télécom.

il fermo posta, la poste restante ; ***la posta celere***, la chronoposte ;
il destinatario, le destinataire ; ***il mittente***, l'expéditeur ;
raccomandata con ricevuta di ritorno, recommandé avec accusé de réception ;
il codice postale, le code postal.

● ***La buca*** s'utilise uniquement pour poster les lettres alors que ***la cassetta*** sert également pour la boîte aux lettres personnelle. ***La casella postale (CP)*** est la « boîte postale » (BP).

il telefono :

Vorrei telefonare a Milano.	Je voudrais téléphoner à Milan.
Qual è il numero ?	Quel est le numéro ?
È occupato.	C'est occupé.
È caduta la linea.	On a été coupé.
Ho sbagliato numero.	Je me suis trompé de numéro.
il numero verde	le numéro vert

(voir page 8)

MARIA,
NON DIMENTICARE
DI COMPRARE
IL SAPONE !...
I MIGLIORI PRODOTTI
PER LE VOSTRE
COLAZIONI
Elisa
RISTORANTE
& LOLA
MARZOCCO
LIBRERIA
UNIVERSITARIA
DA SERGIO
ALIMENTARI
Mac Dono
PARRUCCHIERE
7
8
PANE
FRANCESE

Il commercio
Le commerce

I negozi — *Les magasins*

il negozio (1)	le magasin, la boutique
i grandi magazzini (2)	les grands magasins
la scala mobile	l'escalier mécanique, roulant
il reparto	le rayon
la saracinesca	le rideau de fer
il mercato	le marché
il supermercato (3)	le supermarché
il carrello	le chariot, le caddie
la panetteria, il forno	la boulangerie
il panettiere, il fornaio	le boulanger
la pasticceria	la pâtisserie
il pasticciere	le pâtissier
la macelleria	la boucherie
il macellaio	le boucher
la drogheria	l'épicerie
il negozio di generi alimentari	l'alimentation générale
l'alimentarista, il droghiere	l'épicier
il fruttivendolo	le marchand de fruits
la cartoleria	la papeterie
la libreria	la librairie
la salumeria	l'épicerie-charcuterie
il salumiere	l'épicier-charcutier
la pescheria	la poissonnerie
il pescivendolo	le poissonnier
la farmacia (4)	la pharmacie
il farmacista	le pharmacien
la lavanderia	le pressing, la laverie
la tabaccheria	le bureau de tabac
il tabaccaio	le buraliste
il negozio di ferramenta	la quincaillerie
la mesticheria	la droguerie
la calzoleria	la cordonnerie
il calzolaio	le cordonnier
la gioielleria (5)	la bijouterie
il gioielliere	le bijoutier
il barbiere	le coiffeur (pour hommes)
il parrucchiere	le coiffeur (pour femmes)
la merceria	la mercerie
la vetrina (6)	la vitrine
l'insegna	l'enseigne

POUR ALLER PLUS LOIN

- Ne confondez pas ***la cartoleria***, la « papeterie » avec ***la cartiera***, « l'usine de papeterie ».
- ***la libreria*** est la « librairie », le « magasin » mais aussi la « bibliothèque », le meuble pour ranger les livres.
- Autrefois le commerce du sel était soumis à l'impôt, aussi ne trouvait-on le sel que dans les bureaux de tabac ; il en reste des traces sur les enseignes : ***sale e tabacchi***, sel et tabac.

Alberghi e ristoranti | *Hôtels et restaurants*

l'albergo	l'hôtel
la pensione	la pension
la locanda	l'hôtel modeste
prenotare	réserver, retenir
la pensione completa	la pension complète
la mezza pensione	la demi-pension
pernottare	passer la nuit
la camera	la chambre
alta, bassa stagione	haute, basse saison
l'ostello della gioventù	l'auberge de jeunesse
il ristorante	le restaurant
la trattoria	le petit restaurant
la pizzeria	la pizzeria
la birreria	la brasserie
la tavola calda	le snack
l'enoteca	le bar à vins, la cave (magasin)
il caffè	le café
il bar	le bar
il banco	le comptoir
il cameriere (7)	le serveur, le garçon
la lista, il menù	le menu, la carte
la carta dei vini	la carte des vins
il menù turistico	le menu touristique
ordinare	commander
servire	servir
il conto	la note, l'addition
la mancia	le pourboire
la terrazza (8)	la terrasse
chiudere	fermer
aprire	ouvrir
il casinò	le casino

POUR ALLER PLUS LOIN

● ***in albergo*** (à l'hôtel) :

Avete una camera matrimoniale ?	Vous avez une chambre pour deux personnes ?
una camera doppia	une chambre à deux lits
una camera singola	une chambre pour une personne
Quanto costa ? Quant'è ?	Combien coûte-t-elle ? C'est combien ?

● En Italie, au bar, on consomme très souvent debout, ***al banco***, au comptoir ; les grands cafés possèdent une terrasse ou de petites tables à l'intérieur, le service ***al tavolo*** est nettement plus cher.

Comprare e vendere | Acheter et vendre

comprare	acheter
vendere	vendre
la vendita	la vente
il venditore	le vendeur
il commesso	le vendeur (dans un magasin)
il cliente	le client
costare	coûter
il prezzo	le prix
a saldo	en solde
i saldi	les soldes
lo sconto	la remise
l'articolo	l'article
la marca	la marque
la firma	la griffe
il campione	l'échantillon
il campionario	le carnet d'échantillons
la cassa	la caisse
l'acconto	l'acompte
far recapitare, consegnare	faire livrer
impacchettare	faire un paquet
fare un pacchetto regalo	faire un paquet cadeau
il negoziante, il commerciante	le commerçant
commerciale	commercial
la fiera	la foire
importare	importer
esportare	exporter
l'offerta speciale	l'offre spéciale
il pagamento	le paiement
in contanti	comptant, en espèces
a rate	à tempérament, par mensualités
la carta di credito	la carte de crédit
la firma	la griffe, la signature
la concorrenza	la concurrence
il grossista	le grossiste

POUR ALLER PLUS LOIN

● Dans un magasin :

Posso esserLe utile ?	Je peux vous être utile ?
La servono ?	On vous sert ? / On s'occupe de vous ?
Volevo spendere meno.	Je voulais quelque chose de moins cher.
Mi piace moltissimo.	J'aime beaucoup ça. Ça me plaît beaucoup.
vendere all'ingrosso	vendre en gros
vendere al minuto/al dettaglio	vendre au détail
fare la spesa	faire les courses, les commissions
fare acquisti	faire des achats
il potere d'acquisto	le pouvoir d'achat

● Le prix est exprimé de la façon suivante à l'écrit : ***50. 10 euro (cinquanta euro dieci centesimi).*** N'oubliez pas ***lo scontrino fiscale***, le ticket de caisse, ou ***la ricevuta***, le reçu.

Il denaro
L'argent

Il denaro | *L'argent*

la moneta (1)	la pièce, la monnaie
il portamonete	le porte-monnaie
il portafoglio	le portefeuille
fare il resto	rendre la monnaie
il biglietto	le billet
la somma	la somme
l'importo, l'ammontare	le montant
ricco (2)	riche
povero	pauvre
la povertà	la pauvreté
la miseria	la misère
l'accattone, il mendicante	le mendiant
avaro	avare
l'elemosina	l'aumône
la fortuna, il patrimonio	la fortune
la ricchezza	la richesse
il lusso	le luxe
lussuoso	luxueux
l'eredità	l'héritage
ereditare	hériter
l'erede	l'héritier
il testamento	le testament
a buon mercato	à bon marché
caro (3)	cher
economico	économique
conveniente	avantageux
prezioso	précieux, de valeur
i preziosi *(pl.)*	les bijoux

EXPRESSIONS COURANTES

Non ho spiccioli.	Je n'ai pas de monnaie.
Sono al verde.	Je suis fauché.
i quattrini *(fam.)*	les sous, le fric

● Le billet de banque se dit ***il biglietto*** et ***la banconota***.
Il riscatto sarà pagato in banconote da 500 euro. La rançon sera payée en billets de 500 euros.

Attention à l'emploi de la préposition ***da*** pour indiquer la valeur :
una moneta da 2 euro, une pièce de 2 euros.

La fortuna est la fortune mais surtout la chance, d'où l'expression :
È fortunata, è sfortunata. Elle a de la chance, elle n'a pas de chance.

In banca | À la banque

la banca, il banco	la banque	**il libretto di risparmio**	le livret d'épargne
il bancario	l'employé de banque	**riscuotere**	toucher, encaisser
la cassa	la caisse	**spendere**	dépenser
il cassiere	le caissier	**lo stipendio**	le salaire
l'assegno	le chèque	**il prestito**	le prêt
il libretto di assegni	le carnet de chèques	**prendere in prestito**	emprunter
la carta di credito	la carte de crédit	**rimborsare**	rembourser
il bonifico, il giroconto	le virement	**il debito**	la dette
		lo sperpero	le gaspillage
il conto corrente	le compte courant	**l'inflazione**	l'inflation
versare	verser	**il tasso d'interesse**	le taux d'intérêt
cambiare	changer	**fisso**	fixe
il cambio	le change	**variabile**	variable
l'ufficio di cambio	le bureau de change	**il valore**	la valeur
		la valuta	la devise
la cassaforte (4)	le coffre-fort	**l'investimento**	l'investissement
risparmiare	épargner		

POUR ALLER PLUS LOIN

- La banque peut prêter de l'argent, ***prestare denaro*** ; le client emprunte, ***prende in prestito***, ou demande un prêt, ***chiede un prestito***. Un « prêt foncier » est ***un mutuo***.
- L'article est employé devant le pourcentage, ***la percentuale : il 4 % d'interesse***, 4 % d'intérêt.

Attention ! Il existe plusieurs traductions du verbe « gagner » :

vincere al gioco, una gara	gagner au jeu, une compétition
vincere un premio, una battaglia	gagner un prix, une bataille
guadagnare tempo	gagner du temps
Quanto guadagni al mese ?	Combien gagnes-tu par mois ?

Gli affari | *Les affaires*

l'affare *(m.)*	l'affaire
l'uomo d'affari	l'homme d'affaires
la società	la société
la ditta, l'impresa, l'azienda	l'entreprise, l'affaire
l'imprenditore	l'entrepreneur
il proprietario	le propriétaire
possedere	posséder
il capitale	le capital
il capitale sociale	le capital social
il bilancio	le bilan, le budget
il guadagno	le gain
il profitto	le profit
il dividendo	le dividende
il fallimento	la faillite
il sequestro	la saisie
le spese	les dépenses, les frais
il disavanzo, il deficit	le déficit
il bilancio preventivo	le budget
il bilancio consuntivo	le bilan
l'imposta sul reddito	l'impôt sur le revenu
l'imposta diretta	l'impôt direct
l'IVA	la TVA
la tassa	la taxe
costare	coûter
valere	valoir
investire	investir
l'azione	l'action
l'azionista	l'actionnaire
l'obbligazione	l'obligation
la Borsa	la Bourse
l'agente di cambio	l'agent de change
il consumo	la consommation
la società dei consumi	la société de consommation
la carta bollata	le papier avec timbre fiscal
il bollo	le timbre fiscal

POUR ALLER PLUS LOIN

- ***L'affarista*** est l'affairiste ; les « affaires » (ce que l'on possède) se traduit par ***la roba*** alors que l'« affaire judiciaire » est ***la causa, il processo***.
- ***La dichiarazione dei redditi*** est la « déclaration des revenus ». On dit familièrement ***pagare le tasse***, payer ses impôts ; le sigle ***IVA*** correspond à ***Imposta sul Valore Aggiunto***, « taxe sur la valeur ajoutée ».

pagare in contanti	payer en espèces, en liquide
pagare con un assegno	payer par chèque
pagare con la carta di credito	payer avec la carte de crédit

Contare e calcolare
Compter et calculer

I numeri, il calcolo | *Les nombres, le calcul*

il numero	le nombre, le numéro
la cifra	le chiffre
la parte	la partie
la frazione (1)	la fraction
il totale	le total
la metà	la moitié
il doppio	le double
il triplo	le triple
il terzo (2)	le tiers
il quarto (3)	le quart
mezzo	demi
unico	unique
l'addizione	l'addition
addizionare, fare la somma	additionner
sottrarre (4)	soustraire
moltiplicare	multiplier
dividere	diviser, ôter
2 per 2 (è) uguale (a) 4	2 fois 2 font 4
4 meno 2 (è) uguale (a) 2	4 moins 2 font 2
18 diviso 3 (è) uguale (a) 6	18 divisé par 3 font 6
la radice quadrata	la racine carrée
la potenza	la puissance

POUR ALLER PLUS LOIN

● Les cardinaux

0 zero	10 dieci	20 venti	30 trenta	101 centouno
1 uno	11 undici	21 ventuno	31 trentuno	200 duecento
2 due	12 dodici	22 ventidue	32 trentadue	300 trecento
3 tre	13 tredici	23 ventitré	40 quaranta	1 000 mille
4 quattro	14 quattordici	24 ventiquattro	50 cinquanta	2 000 duemila
5 cinque	15 quindici	25 venticinque	60 sessanta	1 000 000 un milione
6 sei	16 sedici	26 ventisei	70 settanta	1 000 000 000 un miliardo
7 sette	17 diciassette	27 ventisette	80 ottanta	
8 otto	18 diciotto	28 ventotto	90 novanta	
9 nove	19 diciannove	29 ventinove	100 cento	

● ***Tre*** prend un accent dans les composés : ***trentatré, quarantatré***…

● Les ordinaux

De 1 à 10 : ***primo, secondo, terzo, quarto, quinto, sesto, settimo, ottavo, nono, decimo.*** Au-delà de 10, on ajoute le suffixe ***esimo*** au nombre correspondant en supprimant la voyelle finale : ***undici*** → ***undicesimo*** … ***venti*** → ***ventesimo*** …

● En italien, les noms des rois, des reines, des papes, des chapitres et des scènes sont suivis d'un ordinal : Louis XVI, ***Luigi XVI*** (dites : ***Sedicesimo***) ; Boniface VIII, ***Bonifazio VIII (Ottavo)*** ; Jean-Paul II, ***Giovanni Paolo II (Secondo)*** ; Elisabeth II, ***Elisabetta II (Seconda),*** Acte III, ***Atto III (terzo).***

● ***Mezza*** s'accorde avec le substantif : ***una mezza pagina***, une demi-page, ***una mezz'ora***, une demi-heure ; on entend souvent ***un'ora e mezza*** mais on doit dire ***un'ora e mezzo*** (une heure et demie).

Pesi e misure | Poids et mesures

calcolare	calculer	**il metro cubo**	le mètre cube
misurare	mesurer	**la capienza**	la contenance
l'unità	l'unité	**la capacità**	la capacité
la lunghezza	la longueur	**il litro**	le litre
il metro	le mètre	**il mezzolitro**	le demi-litre
il millimetro	le millimètre	**il peso**	le poids
il centimetro	le centimètre	**il grammo**	le gramme
il chilometro	le kilomètre	**l'etto**	100 g
50 km all'ora	50 km à l'heure	**il chilo(grammo)**	le kilo (gramme)
la superficie, l'area	la superficie, la surface	**il quintale**	le quintal
il metro quadro	le mètre carré	**la tonnellata**	la tonne
l'ettaro	l'hectare	**pesare**	peser
la quantità	la quantité	**pesante** (5)	lourd
il volume	le volume	**leggero** (6)	léger

POUR ALLER PLUS LOIN

● ***La superficie*** a deux pluriels : ***le superfici, le superficie.***

● Les noms féminins finissant par ***ie*** sont en général invariables : ***la serie*** (la série), ***le serie.*** Exception : ***la moglie*** (la femme, dans le sens d'épouse), ***le mogli***.

● On écrit les nombres sans trait d'union, groupés par tranches de trois chiffres : *233,* ***duecentotrentatré***, mais on peut trouver les milliers liés aux centaines : 53 600, ***cinquantatremilaseicento***.

Attention ! ***Cento*** est toujours invariable : ***trecento***, trois cents, alors que ***mille*** est variable : ***duemila***, deux mille ; ***diecimila***, dix mille.

Il centinaio, il migliaio ont un pluriel féminin : ***le centinaia, le migliaia.***

● Pour les Italiens, c'est le vendredi 17 et le chiffre 17 en général qui portent malheur.

Per esprimere la quantità | *Pour exprimer la quantité*

molto	très, beaucoup (de)
assai	très
tanto (a, i, e)	beaucoup, tant, tellement (de)
poco, pochi, poca, poche	peu (de), quelques…
pochissimo (a, i, e)	très peu (de)
abbastanza	assez
troppo (a, i, e)	trop (de)
tutto (a, i, e)	tout
appena	à peine
soprattutto	surtout
quasi	presque
niente, nulla	rien
nessuno	personne
più	plus
di più	davantage, plus
meno	moins
più o meno	plus ou moins
almeno	au moins
circa	environ
il massimo	le plus grand
il minimo	le plus petit, le moindre
tanto … quanto, così … come	aussi … que
solo, soltanto	seulement
inoltre	en outre
qualcosa, qualche cosa	quelque chose
anche	aussi
neanche, nemmeno	non plus
ogni	chaque
qualche	quelque
alcuno(a)	aucun(e)
vari (varie), diversi (e)	plusieurs, nombreux
parecchio (a, i, e)	pas mal, beaucoup
ambedue, entrambi	tous les deux
ambedue, entrambe	toutes les deux
altro (a, i, e)	autre(s)

POUR ALLER PLUS LOIN

- Les adjectifs de quantité ***molto, tanto, poco*** s'accordent avec le substantif qui suit :
Ho molti dischi. J'ai beaucoup de disques.

Ci sono troppi problemi. Il y a trop de problèmes.
Mais : ***Mangi troppo***. Tu manges trop.

- L'adverbe ***assai*** signifie « très » et non pas « assez » qui est ***abbastanza*** :
È assai difficile. C'est très difficile. ***È abbastanza difficile.*** C'est assez difficile.

- Il n'y a pas de négation si ***niente, nessuno, nemmeno, neanche*** sont placés devant le verbe : ***nessuno è venuto***, personne n'est venu ; mais ***non è venuto nessuno***.
Niente peut être employé comme adjectif dans la langue familière :
Non ho niente voglia di vederlo. Je n'ai aucune envie de le voir.

Attention ! Le numéral se place obligatoirement après ***altro, primo, ultimo*** :
Ne voglio altri due. J'en veux deux autres. ***I primi due***, les deux premiers.
Attention à l'emploi de la préposition ***in*** dans :
In quanti siete ? – Siamo in dieci. Combien êtes-vous ? – Nous sommes dix.

Lavorare
Travailler

Il lavoro (1) | Le travail (1)

il lavoratore	le travailleur
il mestiere	le métier
la professione	la profession
il posto	la place
il dipendente	l'employé
il datore di lavoro	l'employeur
assumere	engager, embaucher
il dirigente	le dirigeant, le cadre
il direttore generale	le directeur
il vicedirettore	le directeur adjoint, le sous-directeur
il padrone	le maître, le propriétaire
il principale, il titolare	le patron
il personale	le personnel
lo statale	le fonctionnaire
l'impiegato	l'employé
lo specialista	le spécialiste
il tecnico	le technicien
l'ufficio	le bureau
il capoufficio	le chef de bureau, le chef de service
il caporeparto	le chef de rayon/d'atelier
il bancario	l'employé de banque
il ragioniere	le comptable
la segreteria	le secrétariat
il segretario	le secrétaire
la segretaria (1)	la secrétaire
la dattilografa (2)	la dactylo
la centralinista	la standardiste
l'ispettore	l'inspecteur
l'archivista	l'archiviste
il commerciante, il negoziante	le commerçant

POUR ALLER PLUS LOIN

● ***gli statali*** correspondent à nos fonctionnaires ; il existe le mot ***funzionario*** qui s'emploie pour les employés ayant des fonctions de direction : ***un funzionario di banca***.

● En Italie, tous les salariés (y compris ceux du secteur public) ont un treizième mois, ***la tredicesima*** ; dans certaines entreprises et dans le secteur bancaire il existe même ***la quattordicesima.***

● On utilise souvent le verbe ***fare*** pour indiquer la profession :
Che lavoro fa ? Que faites-vous ?
Faccio la segretaria. Je suis secrétaire.

Il lavoro (2) | *Le travail (2)*

il metalmeccanico	le métallurgiste
l'operaio	l'ouvrier
l'operaio qualificato	l'ouvrier qualifié
l'artigiano	l'artisan
l'apprendista	l'apprenti
il manovale	le manœuvre
l'architetto	l'architecte
il geometra	le géomètre
l'ingegnere	l'ingénieur
il muratore (3)	le maçon
il piastrellista	le carreleur
il falegname	le menuisier
l'idraulico (4)	le plombier
l'imbianchino (5)	le peintre en bâtiment
l'arredatore	le décorateur, l'ensemblier
il meccanico	le mécanicien
il camionista (6)	le chauffeur routier
il corriere	le transporteur
il medico	le médecin
il chirurgo	le chirurgien
il dentista, l'odontoiatra	le dentiste
il medico legale	le médecin légiste
il veterinario	le vétérinaire
l'assistente sociale	l'assistante sociale
il professore	le professeur
la professoressa	le professeur (femme)
il libraio	le libraire
il bibliotecario	le bibliothécaire
il cuoco	le cuisinier
il parrucchiere	le coiffeur
il calzolaio	le cordonnier
il pescatore	le pêcheur
il domestico	le domestique
la colf	l'employée de maison
la donna delle pulizie (7)	la femme de ménage
il portinaio	le concierge
la hostess	l'hôtesse
il rappresentante	le représentant
il ragioniere	le comptable
il commercialista	le conseiller commercial

POUR ALLER PLUS LOIN

- Les personnes exerçant une profession libérale sont appelées ***i professionisti***. On utilise davantage les titres en Italie : toute personne ayant la maîtrise, ***la laurea***, peut se faire appeler ***dottore*** ; on s'adresse donc aux docteurs, aux pharmaciens, aux économistes en disant ***dottore*** ; aux avocats, ***avvocato***, aux ingénieurs, ***ingegnere***.
- ***La Confindustria (Confederazione Generale dell'Industria Italiana)*** correspond au Patronat français.
- ***La colf*** est l'abréviation de ***collaboratrice familiare***.

Il mondo del lavoro (1) | *Le monde du travail (1)*

la centrale elettrica	la centrale électrique
la centrale nucleare	la centrale nucléaire
l'industria	l'industrie
l'officina	la petite usine, l'atelier
il reparto	le service
la macchina	la machine
l'arnese	l'outil
la catena di montaggio	la chaîne de montage
lavorare a catena	travailler à la chaîne
il materiale	le matériel
la manutenzione	l'entretien
fabbricare	fabriquer
la produzione	la production
la produttività	la productivité
produrre	produire
il rendimento	le rendement
l'attività	l'activité
la mano d'opera	la main-d'œuvre
l'impresa, l'azienda	l'entreprise
la domanda	la demande
l'offerta	l'offre
il curricolo, il curriculum vitae	le curriculum vitae
il tirocinio	le stage
il contratto	le contrat
il licenziamento	le licenciement
l'aspettativa	la mise en disponibilité
la disoccupazione	le chômage
il disoccupato	le chômeur

POUR ALLER PLUS LOIN

- ***La macchina*** est à la fois la « machine » et la « voiture ».
- ***Il tirocinio*** est réservé au stage d'apprentissage ; lorsqu'il s'agit d'un stage de danse, de poterie, de peinture, de tissage… on utilise le gallicisme : ***uno stage***.
- Le terme de ***casalinga*** s'applique aux femmes au foyer, administrativement « sans profession ».
- L'adjectif ***casalingo*** est utilisé dans différentes expressions :

pane casalingo	pain de ménage, pain de campagne
cucina casalinga	cuisine bourgeoise
un uomo casalingo	un homme casanier

Il mondo del lavoro (2) | *Le monde du travail (2)*

la giornata lavorativa	la journée de travail
lavorare part time	travailler à mi-temps
lavorare a cottimo	travailler aux pièces
l'orario	l'horaire
l'orario flessibile	l'horaire souple
lo stipendio	le traitement, le salaire
la paga	la paye
la paga sindacale	le SMIC
il salario	le salaire
l'aumento salariale	l'augmentation de salaire
fare lo straordinario	faire des heures supplémentaires
l'infortunio sul lavoro	l'accident du travail
il congedo per malattia	le congé de maladie
le ferie	les congés payés
il tenore di vita	le niveau de vie, le train de vie
lo sciopero	la grève
lo scioperante	le gréviste
indire uno sciopero	lancer un ordre de grève
revocare uno sciopero	annuler un ordre de grève
il crumiro	le briseur de grève
il sindacato	le syndicat
andare in pensione	prendre sa retraite
la pensione	la retraite
il pensionato	le retraité
la pensione d'invalidità	la pension d'invalidité
la liquidazione, la buonuscita	l'indemnité de fin de carrière

POUR ALLER PLUS LOIN

- ***l'Ufficio di collocamento***, le bureau de placement, correspond à notre ANPE.
- ***La cassa integrazione*** est un organisme qui dépend de l'***INPS (Istituto Nazionale di Previdenza Sociale)*** et qui fournit aux travailleurs les indemnités de chômage.
- Les syndicats traditionnels sont ***la CGIL (Confederazione Generale Italiana del Lavoro), la CISL (Confederazione Italiana Sindacati Lavoratori), UIL (Unione Italiana del Lavoro)***. Au cours des années 1980 sont nés ***i Cobas (comitati di base)***, les comités de base, créés par des salariés déçus par les grandes centrales syndicales. Ils correspondent aux « coordinations » en France. Le plus important est celui des ***ferrovieri macchinisti***, les cheminots-mécaniciens.
- Tout salarié touche à la fin de son rapport de travail avec son employeur (y compris l'État) des indemnités de fin de carrière, calculées sur le salaire de base et qui correspondent aux années de service : c'est ***la liquidazione*** ou ***la buonuscita*** ou administrativement : ***TFR (trattamento fine rapporto)***.

LABORATORIO I
LABORATORIO II
PROMOSSI
RISULTATI
ITALIANO
LATINO
MATEMATICA
CHIMICA
INGLESE
DOVRÒ STUDIARE MEGLIO L'ANNO PROSSIMO !...
FUNKY MUSIC
5
4

L'insegnamento
L'enseignement

In classe | *En classe*

l'aula	la salle de cours
la classe	la classe
il banco	le pupitre, le banc
la cattedra (1)	le bureau
la lezione	le cours
la lavagna (2)	le tableau noir
il gesso	la craie
la cimosa	le chiffon
la cartella	la serviette
il libro di testo (3)	le manuel scolaire
il vocabolario	le dictionnaire
il quaderno (4)	le cahier
il quaderno ad anelli	le classeur
la pagina	la page
il foglio	la feuille
la brutta (copia)	le brouillon
il margine	la marge
la riga	la ligne, la règle
l'astuccio	la trousse
il lapis (5)	le crayon de papier
la matita	le crayon
la biro, la penna a sfera (6)	le stylo à bille
la penna stilografica (7)	le stylo à plume
l'inchiostro	l'encre
la cartuccia	la cartouche
il pennarello	le feutre
l'evidenziatore	le marqueur, le surligneur
la gomma	la gomme
cancellare	effacer
le forbici	les ciseaux
il compasso	le compas
la squadra	l'équerre
la calcolatrice	la calculette

POUR ALLER PLUS LOIN

- ***La cartella*** peut avoir différents sens : la serviette, le porte-documents, la chemise (pour ranger quelques feuilles), le dossier, la fiche (***la cartella clinica***, la fiche médicale), la page dactylographiée. Tous les élèves ont un sac à dos, ***uno zaino***, à la place du cartable.
- En Italie, généralement, il n'y a pas de cours l'après-midi mais les élèves vont à l'école tous les jours de 8 h 30 à 13 h 30 (de 8 h 30 à 12 h 30 pour les écoles primaires). Dans les grandes villes et dans certains établissements, il existe ***il tempo pieno*** (pour l'école primaire et le collège) avec possibilité de prendre les repas à la cantine, ***la mensa***.

la lavagna bianca — le tableau magnétique
la lavagna luminosa — le rétroprojecteur

Il sistema educativo | Le système éducatif

la scuola	l'école	**l'Università**	l'Université
l'asilo	l'école maternelle	**la facoltà**	la faculté
la scuola elementare	l'école élémentaire	**la matricola**	l'étudiant de 1re année
la scuola media	le collège	**iscriversi**	s'inscrire
il liceo	le lycée	**le tasse d'iscrizione**	les droits d'inscription
il collegio	le pensionnat	**insegnare**	enseigner
il convitto	l'internat	**studiare**	étudier
il convittore	le pensionnaire, l'interne	**lo studente, la studentessa**	l'étudiant, l'étudiante
il maestro	le maître, l'instituteur	**imparare**	apprendre
il professore (8)	le professeur	**l'orario**	l'emploi du temps
l'alunno, lo scolaro	l'élève	**l'anno scolastico**	l'année scolaire
la scolaresca	les élèves	**l'anno accademico**	l'année universitaire
il compagno	le camarade	**ripetere una classe**	redoubler
il preside	le proviseur, le doyen (de la faculté)	**marinare, salare la scuola**	sécher les cours

POUR ALLER PLUS LOIN

- Le verbe ***insegnare*** signifie enseigner et apprendre à quelqu'un :

Insegnami a farlo. Apprends-moi à le faire.
Insegna in un liceo. Il enseigne dans un lycée.

- Durant les années de scolarité obligatoire, il existe, pour les handicapés, ***l'insegnante di sostegno*** (de soutien).

- L'école doit être fréquentée jusqu'à 14 ans (***la scuola dell' obbligo***). Le tronc commun, ***la scuola media***, est à peu près équivalent à notre collège et dure trois ans. Ces années d'études sont sanctionnées par un examen écrit et oral. Ensuite l'élève doit choisir entre le lycée (***liceo classico*** ou ***liceo scientifico, liceo artistico***) et des instituts de type professionnel comme ***l'Istituto Tecnico Commerciale, Istituto Tecnico Industriale, Istituto d'Arte, Istituto Professionale per il turismo***, etc. Les classes de lycée vont de ***la prima*** à ***la quinta*** (qui correspond à notre terminale). Une réforme est en cours pour prolonger l'âge de la scolarité.

Le materie, gli esami | Les matières, les examens

fare i compiti	faire ses devoirs
l'esercizio	l'exercice
il programma	le programme
la matematica	les mathématiques
la fisica	la physique
la chimica	la chimie
le scienze naturali	les sciences naturelles
la storia	l'histoire
la geografia	la géographie
le lingue	les langues
il latino	le latin
il greco	le grec
la filosofia	la philosophie
l'informatica	l'informatique
la ginnastica	la gymnastique
l'educazione fisica	l'éducation physique
prendere appunti	prendre des notes
ripassare la lezione	réviser la leçon
il ripasso	la révision
correggere	corriger
il tema	la dissertation
l'esame	l'examen
dare un esame	passer un examen
la prova scritta	l'épreuve écrite
la prova orale	l'épreuve orale
essere promosso	être reçu
essere bocciato	être recalé
il voto	la note
la sufficienza	la moyenne
l'esame di maturità	le baccalauréat
la laurea	la maîtrise

POUR ALLER PLUS LOIN

- En Italie, dans les écoles secondaires, les devoirs sont notés de 0 à 10. La moyenne, ***la sufficienza***, est 6. À l'Université, les examens sont notés sur 30, la note minimum est 18 pour être reçu ; il existe la mention « très bien » qui correspond à ***trenta e lode***.
- ***La laurea specialistica*** correspond à notre maîtrise avec la soutenance d'un mémoire, ***la tesi di laurea*** ; en possession de ce diplôme, on devient ***laureato***, avec le titre de ***dottore***. Il existe à présent ***la laurea*** (appelée familièrement ***mini laurea***) correspondant à trois années d'études universitaires.
- La plus ancienne université italienne est celle de Bologne ; il existe également ***la Scuola Normale Superiore*** de Pise, créée sur le modèle des Écoles normales supérieures françaises durant l'occupation napoléonienne.

INFORMAZIONI
SALA DI ATTESA
ARRIVI
VOLO
DA
PORTA
PARIGI
LONDRA
OSLO
ATENE
MILANO
MOSCA
PRAGA
MADRID
PARTENZE
VOLO
PER
PORTA
LISBONA
ALGERI
NEW-YORK
PALERMO
EDIMBURGO
AMSTERDAM
COPENAGHEN
FRANCOFORTE
I PASSEGGERI PER PARIGI, VOLO AZ 1030, IMBARCO IMMEDIATO PORTA N° 3 !
AGENZIA DI VIAGGI
ALITALIA
1
2
3
4
5
6

I viaggi — *Les voyages*

il viaggio	le voyage
l'agenzia di viaggi	l'agence de voyages
il viaggiatore (1)	le voyageur
l'informazione	le renseignement, l'information
la guida	le guide (ouvrage et personne)
la carta	la carte
la pianta	le plan
l'itinerario	l'itinéraire
il percorso	le parcours
la gita	l'excursion
la crociera	la croisière
la distanza	la distance
partire	partir
la partenza	le départ
arrivare	arriver
l'arrivo	l'arrivée
la sosta	la halte
ritornare	revenir, retourner
il ritardo	le retard
aspettare	attendre
la sala d'attesa	la salle d'attente
perdere il treno	rater le train
la coincidenza	la correspondance
cambiare	changer
la stazione	la gare, la station
i bagagli	les bagages
il deposito bagagli	la consigne
la valigia (2)	la valise
il portabagagli, il facchino	le porteur
il carrello	le chariot
il biglietto (3)	le billet
fare il biglietto	prendre son billet
andata e ritorno	aller et retour
il doganiere	le douanier
la dogana	la douane

POUR ALLER PLUS LOIN

Attention à l'emploi de la préposition ***su*** dans les expressions :
salire sull'autobus, sull'aereo, monter dans l'autobus, dans l'avion.

- Les retards des trains sont annoncés de la façon suivante :
Il treno 640 proveniente da Napoli viaggia con circa venti minuti di ritardo.
Le train 640 en provenance de Naples subira un retard d'environ 20 minutes.

- à la gare (***alla stazione***) :
non fumatori, non fumeurs.
Vorrei un posto andata e ritorno Milano-Roma, prima classe. Je voudrais une place aller-retour Milan-Rome, première classe.

- à la douane (***alla dogana***) :
Ha qualcosa da dichiarare ? alcool, sigarette ? Vous avez quelque chose à déclarer ? alcool, cigarettes ?
Può passare. Vous pouvez passer.

I mezzi di trasporto | *Les moyens de transport*

il pullman	le car, l'autocar
la ferrovia	le chemin de fer
il ferroviere	le cheminot
il treno	le train
il rapido	le rapide
l'espresso	l'express
l'accelerato	l'omnibus
la carrozza	la voiture (voyageurs)
il vagone	le wagon
il vagone letti	le wagon-lits
la cuccetta	la couchette
lo scompartimento	le compartiment
il finestrino	la fenêtre
il posto	la place
il controllore	le contrôleur
la banchina	le quai
il binario	la voie
fermarsi	s'arrêter
l'aereo (4)	l'avion
il controllore di volo	l'aiguilleur du ciel
l'aeroporto	l'aéroport
la pista (5)	la piste
decollare	décoller
la torre di controllo	la tour de contrôle
atterrare (6)	atterrir
l'atterraggio	l'atterrissage
il pilota	le pilote
la hostess	l'hôtesse
lo steward, l'assistente di volo	le steward
l'equipaggio	l'équipage
il porto	le port
la nave	le navire
la barca	le bateau
il marinaio	le marin
il comandante	le commandant
l'imbarco	l'embarquement
la passerella	la passerelle
caricare	charger
trasportare	transporter

POUR ALLER PLUS LOIN

- ***il carrello*** est un mot polysémique : c'est le chariot à bagages, le caddie, le train d'atterissage et, dans un restaurant, le chariot des fromages et des desserts.
- Le sigle ***FS*** correspond à ***Ferrovie dello Stato***, chemins de fer de l'État ; ils ont été créés en 1905, soit 32 ans avant l'apparition de la SNCF.
- ***IC, intercity*** est un train rapide avec supplément, ***rapido con supplemento***.
- Les Eurostar constituent la nouvelle génération des trains à grande vitesse *(**treni ad alta velocità**)*.

11
Milano
AUTOSTRADA
2
10
9
3
4
5
7
6

22

Sulla strada

Sur la route

I veicoli | *Les véhicules*

la macchina (1)	la voiture
l'automobile	l'automobile
il fuoristrada	la voiture tout terrain, le quatre-quatre
l'automobilista	l'automobiliste
la camionetta, il camioncino (2)	la camionnette
il camion	le camion
l'autotreno	le poids lourd
il camionista	le chauffeur routier
l'autista	le chauffeur
il conducente	le conducteur
guidare	conduire
il volante (3)	le volant
il motore (4)	le moteur
la carrozzeria (5)	la carrosserie
il bagagliaio	le coffre
mettere in moto	démarrer
frenare	freiner
il freno (a mano)	le frein (à main)
rallentare	ralentir
accelerare	accélérer
l'acceleratore	l'accélérateur
il tergicristallo	l'essuie-glace
la ruota (6)	la roue
la gomma, lo pneumatico (7)	le pneu
forare	crever
il parabrezza	le pare-brise
il paraurto	le pare-choc
il faro	le phare
la cintura di sicurezza	la ceinture de sécurité
il lampeggiatore (8)	le clignotant
lo specchietto retrovisore (9)	le rétroviseur
la bicicletta	la bicyclette
la bici	le vélo
la mountain bike	le VTT
il (ciclo)motore, il motorino *(fam.)*	le cyclomoteur, la mob
la moto(cicletta) (10)	la moto (cyclette)
il casco	le casque
la patente	le permis de conduire
il codice stradale	le code de la route
in rodaggio	en rodage

POUR ALLER PLUS LOIN

la targa	la plaque minéralogique
la ruota di scorta	la roue de secours
fare il pieno	faire le plein
il serbatoio	le réservoir
mettere in folle	mettre au point mort
scalare la marcia	rétrograder
andare a tavoletta	rouler avec l'accélérateur au plancher
i fari abbaglianti	les feux de route
gli anabbaglianti	les feux de croisement

Il traffico | *La circulation*

l'autostrada	l'autoroute
il pedaggio	le péage
la superstrada	la voie rapide
la curva (11)	le tournant
la corsia d'emergenza	la bande d'arrêt d'urgence
pericoloso	dangereux
l'incrocio	le croisement
il cartello stradale (12)	le panneau de signalisation
senso vietato	sens interdit
la stazione di servizio	la station-service
la benzina	l'essence
senza piombo	sans plomb
il gasolio	le gasoil
l'olio	l'huile
il guasto	la panne
fare l'autostop (13)	faire de l'auto-stop
andare a 100 km all'ora	aller à 100 km à l'heure
superare	dépasser, doubler
l'ingorgo (14)	le bouchon
l'eccesso di velocità	l'excès de vitesse
il limite di velocità	la limitation de vitesse
la multa	l'amende
il ritiro della patente	le retrait du permis
l'incidente	l'accident
la vittima	la victime
il ferito	le blessé
illeso	indemne
lo scontro	la collision
un tamponamento	le carambolage
ribaltarsi, capovolgersi	capoter, se retourner
sbandare	déraper
essere investito da una macchina	être renversé par une voiture

EXPRESSIONS COURANTES

– ***Vuole un passaggio ?*** – Je vous emmène ?
– ***Mi può dare un passaggio fino alla stazione ?*** – Vous pouvez me conduire à la gare ?
L'auto si è ribaltata più volte. La voiture a fait plusieurs tonneaux.
(Il existe également le verbe ***cappottare*** qui vient du français « capoter »).
Ha avuto un incidente, ha sfasciato la macchina. Il a eu un accident, sa voiture est complètement détruite.

Attention !
Le mot ***accidente*** ne s'emploie pas pour l'accident de voiture mais pour les incidents de la vie ; on le trouve également dans l'expression :
mandare un accidente a qualcuno, envoyer quelqu'un au diable.

● Notez également l'auxiliaire du verbe ***sbandare*** :
La macchina è sbandata. La voiture a dérapé.
Era uno sbandato. C'était un désaxé, un déséquilibré.

STELLA
DISCOTECA
Hotel ITALIA
CAMPEGGIO
RIMINI
IL TEATRO
8
5
6
9
3

23

Il tempo libero

Les loisirs

Giochi, caccia e pesca | *Jeux, chasse et pêche*

il gioco	le jeu
giocare	jouer
il giocatore	le joueur
distrarsi	se distraire
divertirsi	s'amuser
divertente	amusant
il baro	le tricheur
la carta da gioco (1)	la carte à jouer
il mazzo di carte	le jeu de cartes
i tarocchi	les tarots
gli scacchi (2)	les échecs
giocare a carte	jouer aux cartes
leggere i tarocchi	tirer les cartes, les tarots
giocare a dama	jouer aux dames
la pedina	le pion
le parole incrociate	les mots croisés
la lotteria	la loterie
il primo premio	le premier prix
il videogioco	le jeu vidéo
il giocattolo	le jouet
la bambola (3)	la poupée
l'orso di peluche	l'ours en peluche
il ballo	le bal
ballare	danser
la discoteca	la discothèque
il locale notturno	la boîte de nuit
cacciare, andare a caccia	chasser, aller à la chasse
il cacciatore	le chasseur
lo sparo	le coup de feu
la fucilata	le coup de fusil
sparare	tirer
il pescatore	le pêcheur
pescare	pêcher
la canna (4)	la canne à pêche

POUR ALLER PLUS LOIN

● Le jeu le plus populaire en Italie est ***il Totocalcio*** : c'est un jeu hebdomadaire qui consiste à pronostiquer les résultats des matchs de football qui ont lieu le dimanche, en marquant sur une fiche, ***la schedina***, 1 (victoire de l'équipe qui reçoit), 2 (victoire de l'équipe qui joue à l'extérieur), ou X pour le match nul. Il y a 13 résultats à pronostiquer, d'où l'expression : ***Ho fatto tredici***. J'ai gagné le gros lot.

● ***Giocare a scopa, giocare a briscola*** sont les deux jeux de cartes les plus simples et les plus populaires. Les couleurs des cartes, ***il seme***, sont indiquées au pluriel :
quadri, carreau ; ***cuori***, cœur ; ***fiori***, trèfle ; ***picche***, pique.
il fante, le valet ; ***la regina***, la reine ; ***il re***, le roi et ***l'asso***, l'as.

Buon divertimento !	Amuse-toi bien ! Amusez-vous bien !
Mi ha piantato in asso.	Il m'a laissé en plan.
Mi ha risposto picche.	Il a refusé tout net.

Le ferie | *Les congés*

il turismo	le tourisme
il turista	le touriste
turistico	touristique
l'albergo	l'hôtel
trattenersi, soggiornare	séjourner, rester
trascorrere	passer
la passeggiata	la promenade
passeggiare, andare a spasso	se promener
visitare	visiter
il campeggio	le camping
andare in campeggio	faire du camping
la tenda (5)	la tente
il sacco a pelo	le sac de couchage, le duvet
la spiaggia (6)	la plage
fare il bagno	se baigner
nuotare	nager
la piscina	la piscine
il costume da bagno (7)	le maillot de bain
la cuffia	le bonnet
il salvagente	la bouée
l'ombrellone (8)	le parasol
la sdraio *(inv.)*	la chaise-longue, le transat
gli sport nautici	les sports nautiques
la vela	la voile
la tavola a vela (9)	la planche à voile
fare del windsurf	faire de la planche à voile
la barca a vela	le bateau à voile
lo sci nautico	le ski nautique
la pesca subacquea	la pêche sous-marine
il sub	le plongeur sous-marin
le palme	les palmes
tuffarsi	plonger
remare	ramer
la canoa	le canoë
lo sci di fondo	le ski de fond
la località sciistica	la station de ski
l'agriturismo	le tourisme vert

POUR ALLER PLUS LOIN

● ***Le vacanze*** désigne les vacances scolaires des élèves et des professeurs, ***le ferie*** étant les congés (payés) ; en général on utilise le singulier dans les expressions :
andare in vacanza, aller en vacances.
Hai bisogno di una vacanza. Tu as besoin de vacances.

● ***L'agriturismo*** est aussi le lieu, la ferme offrant un service de restauration à base de produits locaux.
prendere il sole, se bronzer ;
l'abbronzatura ou ***la tintarella*** *(fam.)*, le bronzage.
Attention à l'emploi du réfléchi : ***Mi tuffo.*** Je plonge.
● « avoir pied » se dit ***toccare*** : ***Qui si tocca.*** Ici on a pied.
● Faire de la plongée avec des bouteilles : ***Fare immersioni con le bombole.***

Gli spettacoli | Les spectacles

il teatro	le théâtre
l'opera teatrale	la pièce de théâtre
l'attore	l'acteur
il commediante	le comédien
la compagnia	la compagnie, la troupe
la parte	le rôle
il palcoscenico	la scène
il sipario	le rideau
lo scenario	le décor
le quinte	les coulisses
il regista	le metteur en scène
lo spettatore	le spectateur
il pubblico	le public
il programma	le programme
il palco	la loge
la platea	le parterre
il loggione	le poulailler
l'anteprima	l'avant-première
la prova generale	la répétition générale
la prima	la première
l'opera	l'opéra
il melodramma	le mélodrame
il concerto	le concert, le concerto
gli applausi	les applaudissements
applaudire	applaudir
il balletto	le ballet
lo schermo	l'écran
lo spettacolo (del cinema)	la séance (de cinéma)
il film	le film
la festa	la fête
la sagra	la fête de village, la kermesse
la fiera	la foire
il luna park	la fête foraine
il circo	le cirque
il tendone	le grand chapiteau

POUR ALLER PLUS LOIN

- ***Lo scenario*** est le décor, le canevas (dans la « commedia dell'arte ») ; le scénario d'un film est ***il copione, la sceneggiatura***.
- Un spectacle très suivi est le ***Palio di Siena***, le Palio de Sienne qui est apparu dès le XIIIe siècle. Il s'agit d'une course de chevaux qui a lieu le 2 juillet et le 16 août sur la ***piazza del Campo***. Chaque cavalier (***il fantino***) montant à cru représente un quartier de la ville (***la contrada***) ; le vainqueur gagne ***il palio***, l'étendard. Il existe d'ailleurs l'expression ***essere in palio***, être en jeu comme dans : ***È in palio il titolo nazionale***. Le titre national est en jeu.
- Le carnaval revêt également une grande importance. Le plus célèbre est celui de Venise, mais d'autres ont acquis une certaine notoriété : ainsi celui de Viareggio en Toscane comprend un défilé de chars (***i carri***) qui évoquent des problèmes d'actualité avec une attention particulière aux problèmes politiques italiens.

(voir chapitres 28 et 29)

24

Lo sport
Le sport

Lo sport (1) | Le sport (1)

lo sportivo	le sportif
fare dello sport	faire du sport
praticare uno sport	pratiquer un sport
il campione	le champion
il campionato	le championnat
i Giochi Olimpici (1)	les Jeux Olympiques
battere	battre
vincere	gagner
il vincitore	le vainqueur
il record	le record
la coppa (2)	la coupe
la medaglia (3)	la médaille
perdere	perdre
la squadra	l'équipe
lo stadio	le stade
il terreno, il campo	le terrain
il punteggio	le score
la partita	le match
l'intervallo	la mi-temps
il primo tempo	la première mi-temps
l'arbitro	l'arbitre
il giocatore professionale	le joueur professionnel
il dilettante	l'amateur
il calcio, il football	le football
il calciatore	le footballeur
il portiere	le gardien de but
il pallone (4)	le ballon
la porta	les buts
segnare una rete, segnare un goal	marquer un but
stare in panchina	être sur la touche
pareggiare	égaliser
la pallacanestro (5)	le basket
la pallavolo	le volley-ball

POUR ALLER PLUS LOIN

- ***Il calcio*** signifie aussi le coup de pied.
- Le football est le sport le plus populaire en Italie mais certains supporters, ***i tifosi***, sont parfois trop violents lorsque l'enjeu du match, ***la partita***, est très important. Très souvent, ces supporters font partie de groupes organisés aux noms significatifs : ***gli ultras, gli skins…***

il football (le football) :

il giudice di linea	le juge de touche
il centravanti	l'avant-centre
l'ala	l'aile
un fallo laterale	une touche
un tiro di rigore	un penalty
un tiro di punizione	un coup franc
un tiro d'angolo	un corner

Lo sport (2) | *Le sport (2)*

l'atleta	l'athlète
l'atletismo	l'athlétisme
allenarsi	s'entraîner
l'allenamento	l'entraînement
l'allenatore	l'entraîneur
la palestra	le gymnase
la corsa (6)	la course
il salto	le saut
il pugilato	la boxe
il judo	le judo
lo sci (7)	le ski
sciare	skier
lo sciatore	le skieur
il nuoto (8)	la natation
il tuffo	le plongeon
l'equitazione (9)	l'équitation
il cavaliere	le cavalier
la scherma	l'escrime
il fioretto	le fleuret
la spada	l'épée
il tennis	le tennis
giocare a tennis	jouer au tennis
il campo	le court
la racchetta (10)	la raquette
la palla (11)	la balle
la rete	le filet
il servizio, la battuta	le service
il golf	le golf
la mazza (12)	le club
il ciclismo (13)	le cyclisme
il corridore, il ciclista	le coureur cycliste
il tiro con l'arco	le tir à l'arc
la freccia	la flèche
il pattinaggio	le patinage

EXPRESSIONS COURANTES

- ***La corsa***

La corsa a ostacoli	la course de haies
i 100 metri	le 100 mètres
la gara di mezzofondo	la course de demi-fond
la maratona	le marathon

- ***Il nuoto***

i 100 metri a farfalla	le 100 mètres papillon
i 100 metri stile libero	le 100 mètres crawl
i 100 metri a dorso	le 100 mètres dos

- ***Il pattinaggio***

il pattinaggio su ghiaccio	le patinage sur glace
il pattinaggio artistico	le patinage artistique
i pattini da ghiaccio	les patins à glace
i pattini a rotelle	les patins à roulettes
lanciare delle frecciate	lancer des vannes *(fam.)*

il messaggio
3
un nuovo giornale!
più informato!
i migliori giornalisti!
i migliori servizi!
QUOTIDIANI
RIVISTE
2
MARILYN
la leggenda

I mezzi di comunicazione

Les médias

La stampa | *La presse*

informare	informer, renseigner
la notizia	la nouvelle
comunicare	communiquer
l'evento	l'événement
succedere, capitare	se passer, arriver (pour un événement)
il rumore, la voce	le bruit, la rumeur
la conferenza stampa	la conférence de presse
il giornale	le journal
a grande tiratura	à grand tirage
il quotidiano	le quotidien
il settimanale	l'hebdomadaire
la rivista	la revue
l'articolo	l'article
pubblicare	publier
stampare	imprimer
il grosso titolo	la manchette
il titolo (1)	le titre
il redattore	le rédacteur
la colonna	la colonne
l'edizione speciale	l'édition spéciale
il giornalista	le journaliste
il cronista (2)	le reporter
il corrispondente	le correspondant
l'inviato speciale	l'envoyé spécial
il servizio, il reportage	le reportage
l'intervista	l'interview
un fatto di cronaca	un fait divers
il commento	le commentaire
l'editoriale	l'éditorial
il giornalino	l'illustré (pour enfant)
il fumetto	la bande dessinée
la foto	la photo
l'inserzione	l'annonce
la piccola pubblicità, gli annunci economici	les petites annonces
il manifesto (3), il cartellone	l'affiche

POUR ALLER PLUS LOIN

- La plupart des journaux italiens ont une assise régionale bien précise : ***Il Corriere della Sera***, (Milan), ***La Stampa***, (Turin), ***Il Resto del Carlino***, (Bologne)…
- Il existe également deux journaux consacrés au sport : ***La Gazzetta dello Sport*** et ***Tuttosport***.
- En général, les quotidiens contiennent une rubrique littéraire, la traditionnelle ***terza pagina***, qu'on appelle ainsi même si elle ne figure pas toujours en troisième page !
la cronaca teatrale, la chronique théâtrale ; ***la cronaca nera***, les faits divers.
- ***I fumetti***, les bandes dessinées : le mot vient du diminutif de ***fumo***, la petite fumée, la bulle qui peut être aussi ***la nuvoletta*** (littéralement : le petit nuage). Quelques héros de BD : ***i Puffi***, les Schtroumpfs ; ***Topolino***, Mickey ; ***Paperino***, Donald ; ***zio Paperone***, oncle Picsou ; ***Qui, Quo, Qua***, Riri, Fifi, Loulou.

La radio, la televisione... | *La radio, la télévision...*

il microfono	le microphone
il transistor	le transistor
la radiosveglia	le radio-réveil
l'ascoltatore	l'écouteur
l'onda	l'onde
le onde lunghe	les grandes ondes
le onde corte	les petites ondes
la modulazione di frequenza (FM)	la modulation de fréquence
il televisore	le téléviseur
il telespettatore	le téléspectateur
il giornale radio	le bulletin d'informations
in diretta da...	en direct de...
il programma	le programme
il telegiornale	le journal télévisé
il canale	la chaîne
l'antenna parabolica	l'antenne parabolique
fare lo zapping	zapper
la trasmissione	l'émission
l'inchiesta	l'enquête
il sondaggio	le sondage
il walkman	le baladeur
l'impianto stereofonico	la chaîne stéréo
la cuffia	le casque
il registratore (4)	le magnétophone
la cassetta	la cassette
il lettore di cassette	le lecteur de cassettes
il videoregistratore (5)	le magnétoscope
la videocassetta	la cassette vidéo
registrare	enregistrer
la registrazione	l'enregistrement
il compact disc (CD)	le compact
la videocamera	le caméscope
il DVD	le DVD
il cellulare, il telefonino	le téléphone portable
un SMS	un Texto

POUR ALLER PLUS LOIN

la trasmissione in diretta, in differita, l'émission en direct, en différé ;
la televisione via cavo, via satellite, la télévision par câble, par satellite ;
la telenovela, le feuilleton mélo (de l'espagnol « novela » qui signifie roman).

● Le sigle ***RAI (Radio Audizioni Italia)*** désigne la radio et la télévision d'État ; la RAI possède 3 radios et 3 chaînes : ***Rai Uno, Rai Due, Rai Tre***. La redevance annuelle se dit ***il canone TV***. Il existe également quelques chaînes privées (***Canale 5, Italia 1, RTV 38)*** qui émettent sur tout le territoire et une myriade de chaînes qui ont une écoute régionale voire locale. Il en est de même pour les radios privées qui émettent en modulation de fréquence.

DOBBIAMO ESSERE UNITI CONTRO L'INQUINAMENTO
RISPETTIAMO L'AMBIENTE!
BASTA CON IL DEGRADO AMBIENTALE!
VOGLIAMO VIVERE MEGLIO
NO ALL'INQUINAMENTO
SONO UN VERDE
1

Temi di attualità
Thèmes d'actualité

L'ambiente | *L'environnement*

l'ecologia	l'écologie
l'ecologista, l'ambientalista	l'écologiste
ecologico	écologique
l'inquinamento	la pollution
inquinare	polluer
inquinante	polluant
la catastrofe	la catastrophe
le piogge acide	les pluies acides
la marea nera	la marée noire
il buco nell'ozono	le trou dans la couche d'ozone
l'effetto serra	l'effet de serre
l'acqua potabile	l'eau potable
l'acqua non potabile	l'eau non potable
la falda freatica	la nappe (d'eau) phréatique
una specie in via di estinzione	une espèce en voie d'extinction
minacciato	menacé
protetto	protégé
l'incendio doloso	l'incendie criminel
il diboscamento, la deforestazione	le déboisement
la desertificazione	la désertification
la centrale nucleare	la centrale nucléaire
la radioattività	la radioactivité
le scorie radioattive	les déchets radioactifs
avvelenare	empoisonner
il pesticida	le pesticide
il colorante	le colorant
senza additivi	sans additifs
la carta riciclata	le papier recyclé
biodegradabile	biodégradable
la raccolta differenziata	le ramassage sélectif
il cacciatore di frodo, il bracconiere	le braconnier
divieto di caccia	chasse interdite
sperperare	gaspiller
lo sperpero	le gaspillage
la globalizzazione	la mondialisation
il no-global	l'anti-mondialisation
il volontariato	le bénévolat

POUR ALLER PLUS LOIN

- Comme en français, ***un verde***, un vert, est un écologiste militant.
- L'Italie compte de nombreux parcs nationaux (comme celui du ***Gran Paradiso, dello Stelvio, della Calabria***) et de nombreuses réserves naturelles qui permettent la protection de la flore et de la faune.

Fenomeni e problemi sociali | *Phénomènes et problèmes sociaux*

il sottosviluppo	le sous-développement
sottosviluppato	sous-développé
la sovrappopolazione	la surpopulation, le surpeuplement
la fame	la faim
la miseria	la misère
la carestia	la famine
l'esplosione demografica	l'explosion démographique
il tasso di natalità	le taux de natalité
il tasso di mortalità	le taux de mortalité
la contracezione	la contraception
la spirale	le stérilet
la pillola	la pilule
l'aborto	l'avortement
l'eutanasia	l'euthanasie
la prostituzione minorile	la prostitution des mineurs
l'AIDS	le sida
i senzatetto	les sans-abri
il barbone	le clochard
l'alcolismo	l'alcoolisme
il razzismo	le racisme
razzista	raciste
la malavita	le « milieu »
la mafia	la mafia
il mafioso	le mafieux
la delinquenza	la délinquance
il rapimento	l'enlèvement
il riscatto	la rançon
lo stupro, la violenza carnale	le viol
il femminismo (1)	le féminisme
la droga	la drogue
il tossicomane	le toxicomane
l'assuefazione	l'accoutumance
l'overdose	l'overdose
il narcotraffico	le trafic de stupéfiants
il trafficante	le trafiquant
lo spacciatore	le dealer
la tangente, la bustarella	le pot-de-vin, le dessous-de-table

POUR ALLER PLUS LOIN

● Les centres de planning familial s'appellent ***i consultori*** ; la loi sur l'avortement, ***la legge 194***, date de 1978. Elle a été appliquée en 1979. Le sigle est le même qu'en français : ***IVG, Interruzione Volontaria di Gravidanza***.

● ***La mafia***
Elle est formée de plusieurs ***cosche*** ; ***la cosca*** est un clan qui peut être composé de dizaines de familles. Les clans contrôlent le trafic de drogues, ainsi que ***gli appalti***, les adjudications dans le domaine des travaux publics. Les hommes de main sont appelés ***picciotti*** (***il picciotto*** signifie jeune homme en sicilien) ; ils sont chargés de recueillir ***il pizzo***, l'argent que doivent donner les commerçants, les industriels pour ne pas voir leurs magasins ou leurs usines détruits par une bombe ou un incendie.

● À l'intérieur de tous ces groupes règne ***la legge dell'omertà***, la loi du silence, brisée quelquefois par un repenti, ***un pentito***.

3
2

5
« NEL MEZZO DEL CAMMIN DI NOSTRA VITA » (DANTE)
1
?
4

La parola | *La parole*

la voce	la voix ; le vocable
ad alta voce	à haute voix
a mezza voce	à mi-voix
a bassa voce, sottovoce	à voix basse
la parola	la parole, le mot
la lingua	la langue
il linguaggio	le langage
dire	dire
parlare	parler
gridare	crier
il grido	le cri
l'accento	l'accent
la pronuncia	la prononciation
pronunciare	prononcer
il tono	le ton
l'intonazione	l'intonation
l'inflessione	l'inflexion
l'espressione	l'expression
esprimere	exprimer
esprimersi	s'exprimer
la parolaccia	le gros mot
la barzelletta	l'histoire drôle
lo scherzo	la plaisanterie
scherzare	plaisanter
prendere in giro	se moquer de
l'umorismo	l'humour
umoristico	humoristique
l'ironia	l'ironie
ironico	ironique
caustico	caustique
chiacchierone(a)	bavard(e)
la scioltezza	l'aisance
sussurrare (1)	chuchoter
mormorare, bisbigliare	murmurer
bofonchiare	grommeler
balbettare	bégayer
il silenzio	le silence
silenzioso	silencieux
tacere	se taire
urlare	hurler

POUR ALLER PLUS LOIN

Chi tace acconsente. Qui ne dit mot consent.
a voce, oralement ; ***corre voce che***, le bruit court que ; ***passarsi la voce***, se donner le mot.

● ***Il grido*** a deux pluriels : le pluriel masculin ***i gridi*** réservé aux cris d'animaux et le pluriel féminin ***le grida*** pour les cris humains.

● On tutoie (***dare del tu***) plus facilement en italien qu'en français ; ainsi on tutoie le lecteur, le client dans les annonces publicitaires. L'équivalent du « vous » de politesse français est ***lei*** (pluriel ***loro***). Le verbe est donc à la 3e personne, singulier ou pluriel : ***Come sta ?*** Comment allez-vous ?

● L'impératif de politesse se forme avec la 3e pers. du subj. présent : V***enga !*** Venez !

● Le dialecte florentin du XIVe siècle (***il Trecento***) est devenu la langue italienne. Les dialectes sont encore vivants et se divisent en 2 groupes : les dialectes du nord (lombard, piémontais, ligure, vénitien…) et ceux du centre et du sud (romain, calabrais, sicilien….).

Il conversare | *La conversation*

discorrere (2)	parler, causer
attaccare discorso	entamer la conversation
chiacchierare	bavarder
raccontare (3)	raconter
la domanda	la question
fare una domanda	poser une question
chiedere (4)	demander
informarsi	se renseigner
la risposta	la réponse
rispondere	répondre
ribadire	confirmer
interrompere	interrompre
contraddire	contredire
capire	comprendre
discutere	discuter
la discussione	la discussion
litigare	se disputer
il litigio	la dispute
dichiarare	déclarer
affermare	affirmer
sostenere	soutenir
assicurare	assurer
il dialogo	le dialogue
la spiegazione	l'explication
spiegare	expliquer
specificare	spécifier
esitare	hésiter
il commento	le commentaire
commentare	commenter
approvare	approuver
l'allusione	l'allusion
alludere a	faire allusion à
rilevare, notare	remarquer
pregare	prier
supplicare	supplier
il confronto, il paragone	la comparaison
confrontare	confronter
paragonare	comparer
i pettegolezzi	les commérages, les potins
replicare, ribattere	répliquer
esclamare	s'exclamer, s'écrier

EXPRESSIONS COURANTES

Zitto e mosca !	Silence !
Acqua in bocca !	Bouche cousue !
Sia detto tra parentesi…	Soit dit en passant…
● ***La parola***	
A buon intenditore poche parole !	À bon entendeur salut !
Ti credo sulla parola.	Je te crois sur parole.
Vuole avere l'ultima parola.	Il veut avoir le dernier mot.
È una parola !	C'est facile à dire !
Non avere peli sulla lingua.	Ne pas mâcher ses mots.
● ***La domanda***	
fare una domanda	poser une question

Il linguaggio | *Le langage*

nominare, fare il nome di	nommer
mettere in rilievo	mettre en relief
indicare	indiquer
significare	signifier, vouloir dire
il senso	le sens
chiamare	appeler
segnalare	signaler
citare	citer
la citazione (5)	la citation
riferirsi	se rapporter à, se référer
soggiungere, aggiungere	ajouter
insistere	insister
sottolineare	souligner
evidenziare	mettre en évidence
fare la sintesi	faire la synthèse
sintetizzare	synthétiser
riguardare, concernere	concerner
ripetere	répéter
esagerare	exagérer
l'esagerazione	l'exagération
promettere	promettre
la promessa	la promesse
riassumere	résumer
il riassunto	le résumé
criticare	critiquer
la critica	la critique
tradurre	traduire
la traduzione	la traduction
il traduttore	le traducteur
il sinonimo	le synonyme
l'omonimo	l'homonyme
il contrario	le contraire
l'interprete	l'interprète
il discorso	le discours, les propos, la conversation
il lessico	le lexique

POUR ALLER PLUS LOIN

Ogni promessa è debito. Chose promise, chose due.

riassumere un discorso per sommi capi, résumer un discours dans ses grandes lignes ; ***riassumendo, posso dirti che…***, en résumé, je peux te dire que…

Attention à l'emploi de la préposition ***da*** avec le verbe ***tradurre*** : ***tradurre dall'italiano al francese***, traduire de l'italien en français.

● Notez les différents emplois du verbe ***riguardare*** :

per quanto mi riguarda — en ce qui me concerne
Riguardati ! — Ménage-toi !

● Le verbe ***concernere*** n'est pas employé au participe passé.

Scrivere

Écrire

La lingua scritta | *La langue écrite*

scrivere	écrire
la scrittura	l'écriture
l'alfabeto	l'alphabet
la lettera (1)	la lettre
la parola, il vocabolo	le mot
il vocabolario	le dictionnaire
il termine	le terme
la grammatica	la grammaire
il nome	le nom
il sostantivo	le substantif
il nome proprio	le nom propre
maschile	masculin
femminile	féminin
il verbo	le verbe
l'aggettivo	l'adjectif
l'avverbio	l'adverbe
la preposizione	la préposition
la congiunzione	la conjonction
la frase	la phrase
il paragrafo (2)	le paragraphe
l'ortografia	l'orthographe
la punteggiatura	la ponctuation
il punto	le point
la virgola	la virgule
la parentesi	la parenthèse
la parentesi quadra	le crochet
l'accento grave	l'accent grave
l'accento acuto	l'accent aigu
la cediglia	la cédille
la lettura	la lecture
leggere	lire
il lettore	le lecteur
il libro (3)	le livre
il titolo (4)	le titre
la pagina (5)	la page
il capitolo	le chapitre
la prefazione	la préface
la biblioteca (6)	la bibliothèque

POUR ALLER PLUS LOIN

● Les deux traductions du mot « écriture » :
la scrittura l'écriture, l'acte d'écrire
la calligrafia, l'écriture, la manière personnelle de former des lettres :
Ha una calligrafia illeggibile. Il a une écriture illisible.

● Les signes de ponctuation :

il punto e virgola	le point virgule
due punti	deux points
puntini di sospensione	points de suspension
il trattino	le trait d'union
il punto interrogativo, esclamativo	le point d'interrogation, d'exclamation
le virgolette	les guillemets

● Pour traduire le mot « bibliothèque », l'italien dispose de deux mots : ***la biblioteca***, l'édifice, la salle (où l'on consulte les livres) et l'ensemble des livres personnels ; ***la libreria***, pour le meuble où l'on range les livres.

● Formules de salutation à la fin d'une lettre : ***Distinti saluti***. Veuillez agréer mes salutations distinguées. ***Cordiali saluti / Cordialmente***. Bien cordialement / Mes amitiés.

La letteratura | La littérature

letterario	littéraire
lo scrittore (7) **la scrittrice**	l'écrivain
l'autore, l'autrice	l'auteur
l'opera	l'œuvre
l'opera teatrale	la pièce de théâtre
lo stile	le style
la poesia (8)	la poésie, le poème
il poeta	le poète
la poetessa	la poétesse
poetico	poétique
lirico	lyrique
il verso	le vers
la prosa	la prose
il romanzo (9)	le roman
il romanziere	le romancier
il racconto	le récit, le conte
la novella	la nouvelle
la favola	la fable
la fiaba	le conte de fée
la leggenda	la légende
il saggio	l'essai
il testo	le texte
la descrizione	la description
descrivere	décrire
raccontare, narrare	raconter
il narratore	le conteur, le narrateur
il personaggio	le personnage
il proverbio	le proverbe
la tragedia (10)	la tragédie
tragico	tragique
la commedia (11)	la comédie
comico	comique
il dramma	le drame
drammatico	dramatique
fantastico	fantastique
romantico	romantique
satirico	satirique
popolare	populaire
dotto, colto	savant, cultivé

POUR ALLER PLUS LOIN

- La poésie : ***il poema*** est une composition poétique très longue : ***un poema epico, un poema cavalleresco***, un poème épique, chevaleresque. Un poème de Baudelaire se dira ***una poesia di Baudelaire***.

Le vers italien par excellence est ***l'endecasillabo***, l'hendécasyllabe, un vers de 11 pieds, ***undici sillabe***.

- Le roman :

un romanzo d'appendice	un roman-feuilleton
un romanzo di fantascienza	un roman de science-fiction
un giallo	un roman policier
un romanzo fiume	un roman fleuve

- Héros de contes de fée : ***Cenerentola,*** Cendrillon ; ***Cappuccetto Rosso,*** Le Petit Chaperon rouge ; ***la Bella addormentata nel bosco***, la Belle au bois dormant ; ***Barbablù***, Barbe-Bleue.

17
14
15
12
10
REGISTA
13
8

L'arte
L'art

Le arti plastiche | Les arts plastiques

l'artista	l'artiste
artistico	artistique
le belle arti	les beaux arts
l'opera d'arte	l'œuvre d'art
il capolavoro	le chef-d'œuvre
lo studio	l'atelier
la galleria d'arte	la galerie d'art
la mostra	l'exposition
il museo	le musée
la pinacoteca	la pinacothèque
la scultura	la sculpture
scolpire	sculpter
lo scultore	le sculpteur
la statua (1)	la statue
la ceramica	la céramique
l'architettura	l'architecture
disegnare	dessiner
il disegno	le dessin
dipingere	peindre
la pittura	la peinture
il pittore (2)	le peintre
il colore	la couleur
il pennello (3)	le pinceau
la tavolozza (4)	la palette
il modello (5)	le modèle
il quadro	le tableau
la tela	la toile
la cornice (6)	le cadre
il ritratto (7)	le portrait
la natura morta (8)	la nature morte
il paesaggio (9)	le paysage
l'incisione	la gravure
la litografia	la lithographie

EXPRESSIONS COURANTES

disegnare a matita, a carboncino, a china, dessiner au crayon, au fusain, à l'encre de Chine ;

dipingere dal vero peindre d'après nature
ad acquarello, a olio à l'aquarelle, à l'huile
una pennellata un coup de pinceau, une touche

Questo vestito ti sta a pennello. Ce vêtement te va comme un gant.

L'arte, la bellezza | *L'art, la beauté*

la grazia	la grâce	**astratto**	abstrait
la bellezza	la beauté	**moderno**	moderne
bello	beau	**figurativo**	figuratif
carino, bellino	mignon, joli	**realistico**	réaliste
grazioso	gracieux	**iperrealista**	hyperréaliste
incantevole	charmant, ravissant	**romanico**	roman
		gotico	gothique
meraviglioso	merveilleux	**classico**	classique
una meraviglia	une merveille	**barocco**	baroque
estetico	esthétique	**lo stile floreale**	le modern style, l'art nouveau
pittoresco	pittoresque		
ideale	idéal	**contemporaneo**	contemporain
vistoso	voyant	**postmoderno**	postmoderne
brutto	laid	**rappresentare**	représenter
orribile	horrible	**imitare**	imiter
orrendo	affreux	**copiare**	copier

POUR ALLER PLUS LOIN

- À partir de l'indication des siècles, comme le XVe siècle, ***il Quattrocento*** (voir page 62), il est possible de former des abjectifs : ***quattrocentesco.***
un palazzo quattrocentesco, un palais du XVe siècle ; ***una casa novecentesca***, une maison du XXe siècle.
- L'art roman se dit ***l'arte romanica*** ; ne confondez pas avec ***l'arte romana***, l'art romain.
- L'italien, comme le français, est une langue romane, ***una lingua romanza***.
- Le patrimoine artistique italien est immense : il dépend de ***la Sovraintendenza delle Belle Arti***, la Surintendance des Beaux-Arts, qui a pour tâche de sauvegarder et d'entretenir ***i monumenti storici***, les monuments historiques et toutes les œuvres d'art.

La musica, il canto | *La musique, le chant*

lo strumento musicale	l'instrument musical
a corde, a fiato	à cordes, à vent
suonare il pianoforte	jouer du piano
suonare la chitarra	jouer de la guitare
la nota	la note
il suono	le son
la melodia	la mélodie
il ritmo	le rythme
il pianoforte	le piano
il clavicembalo	le clavecin
il violino (10)	le violon
il violoncello	le violoncelle
la chitarra (11)	la guitare
l'arpa	la harpe
il flauto (12)	la flûte
il clarinetto	la clarinette
il tamburo	le tambour
il contrabbasso	la contrebasse
la batteria	la batterie
l'organo	l'orgue
il tamburello (13)	le tambourin
l'orchestra *(f.)*	l'orchestre
il direttore d'orchestra	le chef d'orchestre
il musicista (14)	le musicien
il solista	le soliste
il concerto	le concerto, le concert
la sonata	la sonate
la sinfonia	la symphonie
la fuga	la fugue
il quartetto	le quatuor
il quintetto	le quintette
cantare	chanter
il cantante	le chanteur
il cantante lirico	le chanteur lyrique
la canzone	la chanson
l'aria	l'air
l'opera	l'opéra
il bel canto	le bel canto
il libretto d'opera	le livret d'opéra
il soprano	le soprano
il tenore	le ténor
il baritono	le baryton
il basso	la basse
il duetto	le duo

POUR ALLER PLUS LOIN

- La construction du verbe ***suonare*** est transitive :
Marco suona il flauto. Marc joue de la flûte.
Il pianista ha suonato una mazurca. Le pianiste a joué une mazurka.
- ***Il concerto*** signifie le concert mais aussi le concerto :
andare a un concerto, aller à un concert ;
un concerto di musica da camera, un concert de musique de chambre ;
un concerto di jazz, un concert de jazz ;
un concerto per violino, per violoncello, un concerto pour violon, pour violoncelle.
la viola da gamba, la viole de gambe.

La fotografia, il cinema | La photographie, le cinéma

una foto(grafia)	une photo(graphie)
il fotografo	le photographe
la macchina fotografica (15)	l'appareil photo
il rullino	le rouleau
la pellicola	la pellicule
il film	le film
il film muto	le film muet
il film del terrore	le film d'épouvante
il lungometraggio	le long métrage
il cortometraggio	le court métrage
la superproduzione	le film à grand spectacle
il documentario	le documentaire
i cartoni animati	les dessins animés
il cineasta	le cinéaste
il regista (16)	le metteur en scène
lo sceneggiatore	le scénariste
il cameraman (17)	le caméraman, le cadreur
il produttore	le producteur
gli interpreti	la distribution
il copione, la sceneggiatura	le scénario
il (la) protagonista	le (la) protagoniste
la cinepresa	la caméra
girare un film	tourner un film
le riprese di un film	les prises de vue d'un film
la realizzazione	le tournage
la colonna sonora	la bande sonore
il montaggio	le montage
il doppiaggio	le doublage, la postsynchronisation
lo studio	le studio
il set	le plateau
il provino	le bout d'essai
proiettare	projeter
il festival del cinema	le festival du cinéma

POUR ALLER PLUS LOIN

● La photo *(una foto)* :
scattare una foto, prendre une photo ;
Mi fai una foto ? Tu me prends en photo ?
l'obiettivo, l'objectif ; ***il mirino***, le viseur ; ***lo scatto***, le déclencheur ; ***l'autoscatto***, le déclencheur automatique ; ***la camera oscura***, la chambre noire ; ***mettere a fuoco***, mettre au point.

● Le cinéma :
Silenzio ! Si gira ! Silence ! On tourne !
il western all'italiana, le western-spaghetti ;
il film dell'orrore, le film d'horreur.
Le ***« Leone d'Oro »*** est le prix (***il premio***) qui récompense le meilleur film présenté à la Biennale de Venise.

30

Scienza e tecnologia

Science et technologie

Scienza e tecniche (1) | *Science et techniques (1)*

lo scienziato	le savant
il metodo scientifico	la méthode scientifique
la matematica	les mathématiques
il problema	le problème
il calcolo	le calcul
l'equazione	l'équation
la ricerca	la recherche
il ricercatore (1)	le chercheur
l'esperimento (2)	l'expérience
sperimentale	expérimental
osservare	observer
analizzare	analyser
l'analisi	l'analyse
verificare	vérifier
il test di verifica	le test de vérification
controllare	contrôler
il controllo	le contrôle
la prova	l'essai, la preuve, l'épreuve
provare	prouver, essayer
dimostrare	démontrer
risolvere	résoudre
la soluzione	la solution
la scoperta	la découverte
scoprire	découvrir
inventare	inventer
l'invenzione	l'invention
innovare	innover
l'innovazione	l'innovation
il progresso	le progrès
la teoria	la théorie
il teorema	le théorème
la legge	la loi
l'applicazione pratica	l'application pratique
i dati	les données
i rilievi	les relevés
esatto	exact
la precisione	la précision
preciso	précis
il campo studiato	le champ d'étude
la fecondazione in provetta	la fécondation in vitro
clonare	cloner
la clonazione	le clonage
il DNA	l'ADN

EXPRESSIONS COURANTES

- ***La prova*** signifie l'essai, la preuve et l'épreuve :

tenere qualcuno in prova	tenir quelqu'un à l'essai
il banco di prova	le banc d'essai
la prova del nove	la preuve par neuf
le prove scritte e orali	les épreuves écrites et orales

- Au théâtre, ***la prova generale*** est la répétition générale.

Scienza e tecniche (2) | Science et techniques (2)

il laboratorio	le laboratoire
la fisica	la physique
fisico	physique
un fisico	un physicien
la chimica	la chimie
chimico	chimique
il chimico	le chimiste
la biologia	la biologie
il biologo	le biologiste
l'astronomia	l'astronomie
astronomico	astronomique
un atomo	un atome
atomico	atomique
il reattore nucleare	le réacteur nucléaire
la fissione, la scissione nucleare	la scission nucléaire
la molecola	la molécule
lo strumento	l'instrument
l'apparecchio	l'appareil
il telescopio	le télescope
il microscopio (3)	le microscope
l'elettronica	l'électronique
elettronico	électronique
la fibra ottica	la fibre optique
il laser	le laser
l'informatica	l'informatique
il calcolatore, il computer (4)	l'ordinateur
la telematica	la télématique
la calcolatrice	la calculatrice
la calcolatrice tascabile (5)	la calculette
funzionare	marcher, fonctionner
il funzionamento	le fonctionnement
essere guasto	être en panne
il mouse	la souris
il software	le logiciel
l'hardware, il disco duro	le disque dur
cliccare	cliquer
internet	l'internet
il sito	le site
il portale	le portail
l'attachment	le dossier attaché
la cartella	le dossier
il motore di ricerca	le moteur de recherche
scaricare	télécharger
digitare	taper
l'homepage	la page d'accueil
il cursore	le curseur
il preferito	le favori

EXPRESSIONS COURANTES

- L'ordinateur :

il personal computer	le micro-ordinateur, le PC
la tastiera	le clavier
la stampante	l'imprimante
il monitor	l'écran
il dischetto	la disquette

- ***la conquista dello spazio*** — la conquête de l'espace

La politica
La politique

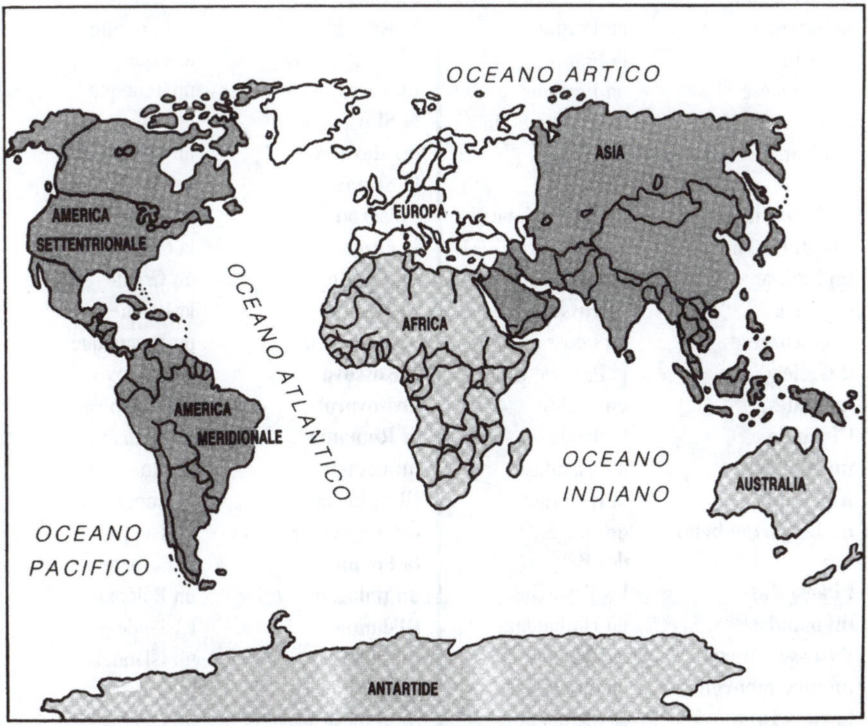

Paesi e abitanti (1) | *Pays et habitants (1)*

l'Europa	l'Europe
un europeo	un Européen
l'Italia	l'Italie
un italiano	un Italien
la Spagna	l'Espagne
uno spagnolo	un Espagnol
il Portogallo	le Portugal
un portoghese	un Portugais
la Francia	la France
un francese	un Français
il Regno Unito	le Royaume-Uni
la Gran Bretagna	la Grande-Bretagne
un britannico	un Britannique
l'Inghilterra	l'Angleterre
un inglese	un Anglais
la Scozia	l'Écosse
uno scozzese	un Écossais
il Galles	le Pays de Galles
un gallese	un Gallois
l'Irlanda	l'Irlande
un irlandese	un Irlandais
il Belgio	la Belgique
un belga, dei belgi	un Belge, des Belges
i Paesi Bassi	les Pays-Bas
un olandese	un Hollandais
il Lussemburgo	le Luxembourg
un lussemburghese	un Luxembourgeois
la Germania	l'Allemagne
un tedesco	un Allemand
l'Austria	l'Autriche
un austriaco	un Autrichien
la Svizzera	la Suisse
uno svizzero	un Suisse
l'Albania	l'Albanie
un albanese	un Albanais
la Grecia	la Grèce
un greco	un Grec
la Turchia	la Turquie
un turco	un Turc
Cipro	Chypre
un cipriota	un Chypriote
la Bulgaria	la Bulgarie
un bulgaro	un Bulgare
la Republica ceca	la République tchéque
un ceco	un Tchéque
la Slovacchia	la Slovaquie
un slovacco	un Slovaque
la Serbia	la Serbie
un serbo	un Serbe
la Croazia	la Croatie
un croato	un Croate
la Bosnia	la Bosnie
un bosniaco	un Bosniaque
il Kossovo	le Kossovo
kossovaro	un Kossovar
la Romania	la Roumanie
un rumeno	un Roumain
l'Ungheria	la Hongrie
un ungherese	un Hongrois
la Polonia	la Pologne
un polacco	un Polonais
l'Islanda	l'Islande
un Islandese	un Islandais
la Danimarca	le Danemark
un danese	un Danois
la Norvegia	la Norvège
un norvegese	un Norvégien
la Svezia	la Suède
uno svedese	un Suédois
la Finlandia	la Finlande
un finlandese	un Finlandais
i Paesi Baltici	les Pays Baltes
un balto	un Balte

Paesi e abitanti (2) | *Pays et habitants (2)*

la Comunità degli Stati Indipendenti (CSI)	la Communauté des États Indépendants (CEI)
la Russia	la Russie
un russo	un Russe
l'Asia	l'Asie
un asiatico	un Asiatique
l'Arabia Saudita	l'Arabie Saoudite
un arabo	un Arabe
l'Irak, l'Iraq	l'Irak
un iracheno	un Irakien
l'Iran	l'Iran
un iraniano	un Iranien
la Siria	la Syrie
un siriano	un Syrien
il Libano	le Liban
un libanese	un Libanais
Israele	Israël
un israeliano	un Israélien
la Palestina	la Palestine
un palestinese	un Palestinien
l'Afganistan	l'Afghanistan
un afgano	un Afghan
l'India	l'Inde
un indiano	un Indien
il Pakistan	le Pakistan
un pachistano	un Pakistanais
la Cina	la Chine
un cinese	un Chinois
il Giappone	le Japon
un giapponese	un Japonais
l'Africa	l'Afrique
un africano	un Africain
l'Egitto	l'Égypte
un egiziano	un Égyptien
la Libia	la Lybie
un libico	un Lybien
la Tunisia	la Tunisie
un tunisino	un Tunisien
l'Algeria	l'Algérie
un algerino	un Algérien
il Marocco	le Maroc
un marocchino	un Marocain
la Somalia	la Somalie
un somalo	un Somalien
l'Etiopia	l'Éthiopie
un etiopico	un Éthiopien
l'America	l'Amérique
Gli Stati Uniti	les États-Unis
un americano, uno statunitense	un Américain
il Canada	le Canada
un canadese	un Canadien
il Messico	le Mexique
un messicano	un Mexicain
l'America del Sud	l'Amérique du Sud
un sudamericano	un Sud-Américain
il Brasile	le Brésil
un brasiliano	un Brésilien
la Colombia	la Colombie
un colombiano	un Colombien
l'Argentina	l'Argentine
un argentino	un Argentin
il Cile	le Chili
un cileno	un Chilien
l'Australia	l'Australie
un australiano	un Australien
la Nuova Zelanda	la Nouvelle-Zélande
un neozelandese	un Néo-Zélandais

I popoli, lo Stato | *Les peuples, l'État*

l'umanità	l'humanité
i diritti dell'uomo	les droits de l'homme
la razza	la race
il paese	le pays
il territorio	le territoire
la frontiera	la frontière
lo Stato	l'État
la nazione	la nation
la nazionalità	la nationalité
nazionale	national
nazionalista	nationaliste
l'inno nazionale	l'hymne national
internazionale	international
la patria	la patrie
patriottico	patriotique
la sovranità	la souveraineté
sovrano	souverain
la società	la société
sociale	social
il cittadino	le citoyen
la cittadinanza	la citoyenneté, la nationalité, tous les habitants d'une ville
lo straniero	l'étranger
l'indipendenza	l'indépendance
la libertà	la liberté
la rivoluzione	la révolution
rivoluzionario	révolutionnaire
la rivolta popolare	la révolte populaire
la ribellione	la rébellion
la lotta armata	la lutte armée
il colpo di Stato, il golpe	le coup d'État
la resistenza	la résistance
il terrorismo	le terrorisme
il terrorista	le terroriste
protestare	protester
manifestare	manifester
la manifestazione	la manifestation
l'emigrazione	l'émigration
emigrare	émigrer
l'immigrazione	l'immigration
immigrare	immigrer
il profugo	le réfugié
il clandestino	le clandestin

POUR ALLER PLUS LOIN

- L'Italie fait partie de l'OTAN (***la NATO***) et de l'UE (***l'Unione Europea***).
- Durant les années 1970 et au début des années 1980, l'État italien a dû lutter contre le terrorisme des Brigades rouges (***le BR, le Brigate Rosse***) dont certains membres ont été condamnés à la prison à vie (***l'ergastolo***) ; d'autres se sont repentis.
- Pays d'émigration pendant plus d'un siècle, la péninsule est devenue une terre d'accueil pour les étrangers, notamment pour les Africains et les Asiatiques appelés ***gli extracomunitari*** puisqu'ils ne font pas partie de l'UE.

Lo Stato, il governo | *L'État, le gouvernement*

il regime	le régime
la politica	la politique
parlamentare	parlementaire
l'uomo politico	l'homme politique
la costituzione	la constitution
la democrazia	la démocratie
la dittatura	la dictature
il dittatore	le dictateur
il regno	le royaume
regnare	régner
la repubblica	la république
il Presidente della Repubblica	le président de la République
la Camera dei deputati	la Chambre des députés
il Senato	le Sénat
il senatore	le sénateur
il governo	le gouvernement
governare	gouverner
il Consiglio dei ministri	le Conseil des ministres
il Presidente del Consiglio	le président du Conseil
il primo ministro	le premier ministre
la maggioranza	la majorité
il ministero	le ministère
il partito	le parti
la sinistra	la gauche
la destra	la droite
l'elezione	l'élection
eleggere	élire
la campagna elettorale	la campagne électorale
il candidato	le candidat
il sondaggio	le sondage
il voto	le vote
votare	voter
lo scrutinio	le scrutin
il referendum	le référendum
il sindaco	le maire
la giunta comunale	le conseil municipal
l'assessore intercomunale	le conseiller intercommunal
la giunta regionale	le conseil régional
la giunta provinciale	le conseil départemental
il funzionario	le fonctionnaire
l'ambasciata	l'ambassade
l'ambasciatore	l'ambassadeur

POUR ALLER PLUS LOIN

- Le député est appelé aussi ***onorevole*** ; il s'agit d'un titre qui n'a pas d'équivalent en français.
- Rappelons que l'Italie est une république parlementaire dont le président est élu par un collège électoral restreint, réunissant les députés, les sénateurs et les représentants élus par les assemblées ou conseils régionaux. Les élections législatives ont lieu avec le mode de scrutin proportionnel.
- Les partis politiques les plus importants sont :

Forza Italia, Alleanza Nazionale et ***la lega*** qui forment ***il Polo delle Libertà ; i DS, i Democratici di Sinistra***, né en 1990 à la suite de la réforme de l'ex-PCI, ***Partito Comunista Italiano*** et ***la Margherita*** qui forment ***l'Ulivo.***

TRENTINO-
ALTO ADIGE
Trento
FRIULI-
VENEZIA GIULIA
VALLE
D'AOSTA
Aosta
Milano
LOMBARDIA
VENETO
Trieste
Venezia
Torino
PIEMONTE
EMILIA-
ROMAGNA
Bologna
MARE
ADRIATICO
LIGURIA
Genova
Firenze
Repubblica di San Marino (1)
MAR
LIGURE
Ancona
TOSCANA
MARCHE
Perugia
Isola
d'Elba
UMBRIA
L'Aquila
LAZIO
ABRUZZO
Roma
Città del Vaticano (1)
MOLISE
Campobasso
Bari
MAR
TIRRENO
CAMPANIA
Napoli
SARDEGNA
PUGLIA
Potenza
BASILICATA
MAR
IONIO
Cagliari
CALABRIA
Isole
Lipari
Catanzaro
MAR
MEDITERRANEO
Palermo
SICILIA
(1) Non fanno parte dell' Italia

ISLANDA
LUSS = LUSSEMBURGO
NORVEGIA
SVEZIA
FINLANDIA
DANIMARCA
IRLANDA
GRAN-BRETAGNA
C.S.I.
PAESI BASSI
BELGIO
GERMANIA
POLONIA
LUSS
REPUBLICA CECA
SLOVACCHIA
FRANCIA
SVIZZERA
AUSTRIA
UNGHERIA
ROMANIA
SLOVENIA
CROAZIA
ITALIA
PORTOGALLO
MONACO
SAN MARINO
BOSNIA
SERBIA
BULGARIA
ANDORRA
Corsica
SPAGNA
CITTA DEL VATICANO
ALBANIA
Isole Baleari
Sardegna
GRECIA
TURCHIA
Sicilia
Rodi
AFRICA
Malta
Creta

32

La giustizia
La justice

La giustizia (1) | La justice (1)

la legge	la loi
il diritto	le droit
giusto	juste
ingiusto	injuste
accusare	accuser
il sospetto	le soupçon
l'indiziato	le suspect
la colpa	la faute
colpevole	coupable
la colpevolezza	la culpabilité
innocente	innocent
il reato	le délit
il ladro (1)	le voleur
il furto	le vol
il furto con scasso (2)	le vol avec effraction
lo scippo	le vol à la tire
la rapina a mano armata	le vol à main armée
aggredire	attaquer
l'aggressione	l'agression
la truffa	l'escroquerie
il truffatore	l'escroc
la delinquenza	la délinquance
il delinquente	le délinquant, le criminel
l'associazione a delinquere	l'association de malfaiteurs
il bandito	le bandit
l'assassino	l'assassin
l'omicida	le meurtrier
l'omicidio	l'homicide, le meurtre
l'assassinio	l'assassinat
il crimine, il delitto	le crime
il teppista	le voyou, le « blouson noir »
il rapimento, il sequestro	l'enlèvement
l'ostaggio	l'otage
il ricatto	le chantage
il riscatto	la rançon
l'attentato	l'attentat
l'ordigno esplosivo	l'engin piégé
l'autobomba	la voiture piégée
in flagrante	en flagrant délit
il pentito	le repenti
le manette (3)	les menottes

POUR ALLER PLUS LOIN

omicidio colposo, homicide par imprudence ; ***omicidio preterintenzionale***, homicide involontaire ; ***omicidio premeditato***, homicide avec préméditation.

il dirottamento di un aereo, le détournement d'avion ; ***dirottare un aereo***, détourner un avion.

il delitto est plus employé que ***il crimine***, sauf dans des expressions figées : ***un crimine di guerra***, un crime de guerre ; ***un crimine contro l'umanità***, un crime contre l'humanité.

● ***Il sequestro*** est un mot polysémique :

il sequestro di persona	l'enlèvement d'une personne
il sequestro giudiziario	le séquestre judiciaire
procedere al sequestro dell'arma	procéder à la saisie de l'arme
L'occasione fa l'uomo ladro.	L'occasion fait le larron.

La giustizia (2) | *La justice (2)*

il carabiniere	le carabinier
la polizia	la police
l'indagine, l'inchiesta	l'enquête
il tribunale (4)	le tribunal
la pretura	le tribunal de première instance
il giudice (5)	le juge
giudicare	juger
il magistrato	le magistrat
l'avvocato (6)	l'avocat
il testimone	le témoin
la prova	la preuve
la denuncia	la dénonciation
querelare, porgere denuncia	porter plainte
il processo	le procès
il difensore	le défenseur
l'accusato (7)	l'accusé
la Corte d'appello	la Cour d'appel
la Corte d'assise	la Cour d'assises
la Corte di cassazione	la Cour de cassation
il pubblico ministero (il p.m.)	l'avocat général
il giudice per le indagini preliminari	le juge d'instruction
l'identikit	le portrait-robot
il giurato	le juré
la giuria	le jury
punire	punir
la punizione	la punition
la sentenza	la sentence, le verdict
la multa	l'amende, la contravention
la pena	la peine
la condanna	la condamnation
condannare	condamner
arrestare	arrêter
gli arresti domiciliari	en résidence surveillée
rinchiudere	enfermer
imprigionare	emprisonner
la prigione, il carcere	la prison
il detenuto (8)	le détenu
il prigioniero	le prisonnier
la messa in libertà vigilata / provvisoria	la mise en liberté surveillée / provisoire
la grazia	la grâce
la truffa	l'escroquerie

EXPRESSIONS COURANTES

dieci anni di reclusione	dix ans de réclusion
È condannato all'ergastolo.	Il est condamné à la prison à vie.
tre mesi con la condizionale	trois mois avec sursis
Ha già scontato tre anni di carcere.	Il a déjà purgé trois ans de prison.

L'Arma dei carabinieri, appelée familièrement ***la Benemerita***, correspond à notre gendarmerie.

La religione
La religion

Le religioni | Les religions

il credente	le croyant
religioso	religieux
il cristiano	le chrétien
il cattolico	le catholique
il protestante	le protestant
l'ortodosso	l'orthodoxe
l'ebreo	le juif
il musulmano	le musulman
il buddista	le bouddhiste
l'induista	l'hindouiste
il dio, gli dei	le dieu, les dieux
la dea	la déesse
Maometto	Mahomet
Dio	Dieu
Cristo	le Christ
Gesù Cristo	Jésus-Christ
lo Spirito Santo	le Saint-Esprit
la Vergine, la Madonna	la Vierge, la Madone
l'angelo (1)	l'ange
il paradiso	le paradis
l'inferno (2)	l'enfer
il demonio (3)	le démon
il diavolo (4)	le diable
il santo (5)	le saint
sacro	sacré
l'anima	l'âme
il mistero	le mystère
il miracolo	le miracle
la fede	la foi
credere	croire
la speranza	l'espérance, l'espoir
la carità	la charité
l'eternità	l'éternité
eterno	éternel
la setta	la secte
l'ateo	l'athée
l'integralista	l'intégriste

EXPRESSIONS COURANTES

Dio Padre, Dieu le Père. ***Dio mio !*** Mon Dieu !
C'era ogni ben di Dio. Il y avait tout ce qu'on voulait.
Dio ce la mandi buona ! Que Dieu nous protège ! / Que Dieu nous assiste !

● Il n'y a pas d'article devant ***Cristo***.
il bambin Gesù, l'enfant Jésus.
l'avvocato del diavolo l'avocat du diable
Abita a casa del diavolo. Il habite au diable Vauvert.
Attention ! ***Santo, santa*** peuvent avoir différentes formes.

● On utilise la forme ***santo*** devant un nom masculin commençant par **s + consonne** : ***santo Stefano***. La forme ***san*** est utilisée devant les noms masculins commençant par une consonne : ***san Francesco, san Marco, san Zeno, san Zaccaria***.
Santo, santa, s'élident devant les noms masculins et féminins commençant par une voyelle : ***sant'Antonio, sant'Anna***.

● Devant les noms féminins commençant par une consonne, on utilise la forme ***santa*** : ***santa Barbara, santa Lucia…***

La vita religiosa | La vie religieuse

il clero	le clergé	**la sinagoga**	la synagogue
il papa	le pape	**la moschea**	la mosquée
il cardinale	le cardinal	**pregare**	prier
il vescovo	l'évêque	**la preghiera**	la prière
il prete, il sacerdote	le prêtre	**l'altare**	l'autel
i fedeli	les fidèles	**la messa**	la messe
il pastore	le pasteur	**celebrare**	célébrer
la parrocchia	la paroisse	**predicare**	prêcher
il monaco	le moine	**la cerimonia**	la cérémonie
il frate	le frère	**solenne**	solennel
la suora (6)	la sœur	**battezzare**	baptiser
la monaca	la religieuse	**benedire**	bénir
il convento	le couvent	**confessarsi**	se confesser
il monastero	le monastère	**il peccato**	le péché
il chiostro	le cloître	**il pellegrinaggio**	le pèlerinage
la chiesa (7)	l'église	**la processione**	la procession
la Chiesa cattolica	l'Église catholique	**Natale**	Noël
la campana (8)	la cloche	**l'Epifania**	l'Épiphanie
la cappella	la chapelle	**i re magi**	les Rois mages
il tempio	le temple	**Pasqua**	Pâques

POUR ALLER PLUS LOIN

Essere più realista del re. Être plus royaliste que le roi.
Gli ho detto papale che doveva andarsene. Je lui ai dit tout de go qu'il devait s'en aller.
Essere sordo come una campana. Être sourd comme un pot.

la Bibbia, la Bible ; ***il Vangelo secondo san Matteo***, l'Évangile selon saint Mathieu ; ***le Sacre Scritture***, les Saintes Écritures ; ***il Corano***, le Coran.

- Le lendemain de Noël (***santo Stefano***, Saint-Étienne) est jour férié en Italie. Il en est de même pour le 8 décembre (fête de ***l'Immacolata***, l'Immaculée Conception) ; en revanche, l'Ascension et le lundi de Pentecôte ne sont pas fériés.
- Dans la langue familière, le lundi de Pâques se dit ***Pasquetta***.
- Les enfants italiens croient au père Noël et à ***la Befana***, une petite vieille qui apporte ***la calza***, une chaussette remplie de bonbons et de jouets le jour de l'Épiphanie.

34

Guerra e pace
Guerre et paix

L'esercito — *L'armée*

l'esercito	l'armée de terre
la recluta	la recrue
il soldato	le soldat
il militare	le militaire
essere chiamato sotto le armi, essere di leva	être appelé sous les drapeaux
il servizio militare	le service militaire
la caserma	la caserne
le truppe	les troupes
l'ufficiale (1)	l'officier
il generale	le général
il quartiere generale	le quartier général
la divisa (2)	l'uniforme
l'arma (le armi)	l'arme (les armes)
le armi convenzionali	les armes conventionnelles
le armi biologiche	les armes biologiques
le armi chimiche	les armes chimiques
l'armamento	l'armement
il fucile (3)	le fusil
la pistola (4)	le pistolet
la mitragliatrice	la mitrailleuse
il mitragliatore	le fusil mitrailleur
sparare	tirer
il cannone (5)	le canon
il carro armato	le char (de combat)
esplodere	exploser
il missile	le missile
la bomba atomica	la bombe atomique
l'aereo da caccia, un caccia	l'avion de chasse
il bombardiere (6)	le bombardier
il bombardamento	le bombardement
l'elicottero	l'hélicoptère
il sottomarino	le sous-marin
la portaerei	le porte-avions
la corazzata	le cuirassé
il paese neutrale	le pays neutre
il paese non allineato	le pays non aligné
pacifico	pacifique
il pacifista	le pacifiste

EXPRESSIONS COURANTES

- ***fare il soldato***, faire son service militaire (dans la langue familière on emploie le mot ***la naia*** pour le service militaire) ;

essere riformato	être réformé
essere esonerato	être exempté
andare in licenza	aller en permission

- L'objecteur de conscience, ***l'obiettore di coscienza*** peut faire ***il servizio civile***.
- ***La guardia di finanza*** (***i finanzieri***), le corps des douanes, participe à la défense de l'ordre et aux opérations de guerre.

La guerra | *La guerre*

la battaglia	la bataille
il nemico	l'ennemi
l'alleato	l'allié
l'attacco	l'attaque
attaccare	attaquer
l'invasione	l'invasion
l'invasore	l'envahisseur
invadere	envahir
distruggere	détruire
la conquista	la conquête
il conflitto	le conflit
l'assedio	le siège
l'accerchiamento	l'encerclement
la disfatta	la défaite
lo sfacelo	la débâcle
uccidere, ammazzare	tuer
il ferito	le blessé
il prigioniero	le prisonnier
la strage, la carneficina	le massacre
cessare le ostilità	cesser les hostilités
le trattative, i negoziati	les négociations
il ritiro delle truppe	le retrait des troupes
le perdite	les pertes
i danni	les dégâts
la vittoria	la victoire
vincere	vaincre
il vincitore	le vainqueur
il vinto	le vaincu
arrendersi	se rendre
il cessate il fuoco	le cessez-le-feu
la tregua	la trêve
l'armistizio	l'armistice
il coprifuoco	le couvre-feu
il trattato	le traité
il disarmo nucleare	le désarmement nucléaire
la parola d'ordine	le mot de passe
il reduce	l'ancien combattant

POUR ALLER PLUS LOIN

● Pour indiquer « le massacre », la « tuerie », on peut utiliser le mot familier : ***il macello*** (au sens propre « l'abattoir ») :

Fu un vero macello. Ce fut une boucherie.

Che macello ! *(fam.)* Quel carnage ! Quel chantier !

Il reduce peut être également adjectif :

i soldati reduci dal fronte les soldats de retour du front

● Par extension :

Sono reduce da un lungo viaggio. Je reviens d'un long voyage.

Sono reduce da una brutta esperienza. Je sors d'une vilaine expérience.

Volere e potere
Vouloir et pouvoir

La volontà | *La volonté*

volere	vouloir
volontario	volontaire
volentieri	volontiers
desiderare	désirer
bramare	désirer ardemment, convoiter
augurarsi	souhaiter
avere voglia di	avoir envie de
il progetto	le projet
il motivo	le motif
la motivazione	la motivation
il pretesto	le prétexte
il tentativo	la tentative
il rischio	le risque
il caso	le hasard
l'occasione	l'occasion
l'opportunità	l'opportunité
approfittare	profiter
pretendere	prétendre
esigere	exiger
osare	oser
cercare di, tentare di	essayer de, chercher à
sforzarsi di	s'efforcer de
lo sforzo	l'effort
decidere	décider
la decisione	la décision
dovere	devoir
bisogna, ci vuole	il faut
non bisogna, non si deve	il ne faut pas
non occorre	il n'est pas nécessaire
l'intenzione	l'intention
l'intento	le but, l'intention
apposta	exprès
invano	en vain
il disegno	le dessein
l'obiettivo	l'objectif

POUR ALLER PLUS LOIN

Chi troppo vuole, nulla stringe. Qui trop embrasse, mal étreint.
Volente o nolente. De gré ou de force. / Bon gré mal gré.
Ha preso l'occasione al volo. Il a saisi l'occasion au vol.

Attention à la construction de ***augurarsi*** :
Mi auguro che tu venga. Je souhaite que tu viennes.

- Pour exprimer l'obligation :
  – « Il faut » + infinitif, se rend par ***bisogna*** + infinitif, ***si deve*** + infinitif ; « il faut que » se rend par ***bisogna che*** + subjonctif :
  Bisogna farlo ; Si deve farlo. Il faut le faire. ***Bisogna che tu lo faccia***. Il faut que tu le fasses.
  – « Il faut » + substantif se rend par le verbe ***volerci*** accordé au substantif et conjugué au temps voulu :
  Ci vuole pazienza ! Il faut de la patience ! ***Ci vorranno anni !*** Il faudra des années !
- Pour traduire « je dois », « il faut que je… », notez l'emploi du verbe ***avere*** suivi de la préposition ***da*** : ***Ho da prenotare il posto per giovedì***. Je dois louer ma place pour jeudi.

Potere | *Pouvoir*

il potere	le pouvoir	**l'ordine**	l'ordre
possibile	possible	**comandare**	commander
la possibilità	la possibilité	**transigere**	transiger
impossibile	impossible	**imporre**	imposer
probabile	probable	**ottenere**	obtenir
facile	facile	**riuscire a**	réussir à
difficile	difficile	**andare bene**	aller, bien aller
semplice	simple	**il successo**	le succès
capace	capable	**tocca a me**	c'est à moi de…, c'est mon tour de…
incapace	incapable	**fallire**	échouer
utile	utile	**il fallimento**	la faillite, l'échec
inutile	inutile	**lo scacco, lo smacco**	l'échec
la responsabilità	la responsabilité	**rinunciare**	renoncer
responsabile	responsable	**impedire**	empêcher
il permesso	la permission	**vietare**	interdire
permettere	permettre	**malgrado**	malgré
la decisione	la décision	**nonostante**	en dépit de
decidere	décider		

POUR ALLER PLUS LOIN

Prima a te poi agli altri se tu puoi. Charité bien ordonnée commence par soi-même.
Volere è potere. Vouloir c'est pouvoir.
può essere, può darsi a le sens de « c'est possible » ;
È uno che può. C'est quelqu'un qui a des moyens (dans le sens d'avoir des ressources financières).

● ***Gridavano a più non posso***. Ils criaient de toutes leurs forces. (***a più non posso*** peut se traduire par une autre expression équivalente, selon le contexte : ***correre a più non posso***, courir à toutes jambes.)

Attention à l'emploi du futur indiquant l'approximation, la probabilité ou la possibilité :
Che ore saranno ? Quelle heure peut-il être ?
Saranno le dieci. Il doit être dix heures.
Saranno arrivati ora. Ils doivent être arrivés à présent.

36

La vita affettiva
La vie affective

L'amore e l'odio | L'amour et la haine

amare, volere bene	aimer
piacere	plaire
la passione	la passion
l'amore	l'amour
l'amante	l'amant, la maîtresse
fare l'amore	faire l'amour
innamorarsi	tomber amoureux
l'innamorato (1)	l'amoureux
adorare	adorer
provare (un sentimento)	éprouver (un sentiment)
attrarre	attirer
preferire	préférer
la preferenza	la préférence
andare pazzo per	raffoler de
baciare	embrasser
baciarsi (2)	s'embrasser
il bacio	le baiser
il bacino	la bise, le bisou
abbracciare	prendre dans ses bras
l'abbraccio	l'accolade
la carezza	la caresse
accarezzare	caresser
coccolare	chouchouter
le coccole	les câlins
l'affetto	l'affection
affettuoso	affectueux
la tenerezza	la tendresse
tenero	tendre
viziare	gâter
l'indifferenza	l'indifférence
il disprezzo (3)	le mépris
disprezzare	mépriser
il litigio	la dispute, la querelle
litigare	se disputer
odiare	haïr

POUR ALLER PLUS LOIN

Attention à la construction du verbe ***volere bene*** :

Ma tu, gli vuoi bene ? Mais toi, tu l'aimes ?
Quelli non vogliono bene a nessuno. Ceux-là n'aiment personne.

● Le verbe « aimer » dans le sens d'« avoir du goût pour » se traduit par ***piacere*** qui se construit avec le verbe ***essere*** aux temps composés ; le complément en français devient sujet en italien.

Mi piace passeggiare. J'aime me promener.
Mi piacciono le pesche. J'aime les pêches.
Gli sono piaciuti gli attori. Il a beaucoup aimé les acteurs.

● Le verbe « embrasser » se traduit par ***baciare***, dans le sens de « donner un baiser » ; il existe également ***dare un bacio***. ***Abbracciare*** signifie embrasser, prendre dans ses bras.

La personalità | La personnalité

avere un buon carattere	avoir bon caractère
avere un brutto carattere	avoir mauvais caractère
l'animo	l'esprit
serio	sérieux
serioso	très sérieux
la serietà	le sérieux
gentile	gentil
la gentilezza	la gentillesse
cortese	courtois
la cortesia	la courtoisie
sensibile	sensible
piacevole	agréable
calmo	calme
tranquillo	tranquille
la calma	le calme
simpatico	sympathique
antipatico	antipathique
educato	bien élevé
maleducato	mal élevé
villano	grossier
timido	timide
la timidezza	la timidité
nervoso (4)	nerveux
il nervosismo	la nervosité
innervosirsi	s'énerver
teso	tendu
disteso	détendu
indifferente	indifférent
distratto	distrait
invidioso	envieux
l'invidia	l'envie
invidiare	envier
geloso	jaloux
la gelosia	la jalousie
ottimista	optimiste
pessimista	pessimiste
valoroso	valeureux
collerico (5)	coléreux
espansivo	expansif
prepotente	autoritaire, tyrannique, arrogant

POUR ALLER PLUS LOIN

lo stato d'animo l'état d'esprit
Su ! animo ! Allons ! courage ! (on dit également ***coraggio !*** courage !)
riprendere animo reprendre courage

● Ces expressions sont familières.
È uno che va a simpatie. C'est quelqu'un qui a ses têtes.
È di una simpatia unica / eccezionale ! Il est très sympa !
Com'è ? – È un po' gasato. Comment est-il ? – Il est un peu frimeur.

● ***Tranquillo !*** correspond à peu près à notre « relax Max ! »

Attention ! Les adverbes de manière se forment à partir du féminin de l'adjectif en ajoutant le suffixe ***-mente*** :
tranquillo ➔ ***tranquillamente*** ; ***distratto*** ➔ ***distrattamente*** ; ***cortese*** ➔ ***cortesemente.***

I sentimenti (1) | Les sentiments (1)

la pietà	la pitié
la compassione	la compassion
l'emozione	l'émotion
commuovere	émouvoir
l'esperienza	l'expérience
l'ammirazione	l'admiration
ammirare	admirer
l'impressione	l'impression
la noia	l'ennui
dare noia	déranger
dare fastidio, infastidire	ennuyer, embêter
annoiarsi	s'ennuyer
noioso	ennuyeux
l'umore	l'humeur
fare piacere	faire plaisir
l'entusiasmo	l'enthousiasme
dimostrare	démontrer
nascondere	cacher
controllare	contrôler
preoccuparsi	s'inquiéter
la preoccupazione	l'inquiétude
l'ansia	l'anxiété
l'angoscia	l'angoisse
la paura	la peur
temere	craindre
aver paura	avoir peur
fare paura	faire peur
pauroso	peureux
lo spavento	l'épouvante
spaventare	épouvanter
tremare	trembler
la disperazione	le désespoir
disperato	désespéré
la vergogna	la honte
vergognarsi	avoir honte
arrabbiarsi	se fâcher
la rabbia, l'ira *(litt.)*	la colère
essere arrabbiato	être en colère
calmarsi	se calmer
curioso	curieux
la curiosità	la curiosité

EXPRESSIONS COURANTES

la pietà, la pitié, a également le sens de piété, de dévotion (***la devozione***) : ***dei libri di pietà***, des livres de piété.

Mi rompi le scatole. Tu me casses les pieds.
Non rimanerci male ! / Non offenderti ! Ne te vexe pas.
Sono giù di corda. Je suis à plat.
essere di cattivo umore, être de mauvaise humeur ;
essere di un umore nero, essere nero, être d'une humeur massacrante ;
una paura boia / una paura del diavolo, une peur bleue ;
avere fifa, « avoir la trouille ». (***Un fifone*** est un trouillard).

Sei proprio un tipo curioso ! Tu es vraiment un drôle de type !

I sentimenti (2) — Les sentiments (2)

l'allegria	la joie
allegro	joyeux
la felicità	le bonheur
felice	heureux
contento	content
soddisfatto, appagato	satisfait
la soddisfazione	la satisfaction
il riso	le rire
ridere	rire
il sorriso	le sourire
sorridere	sourir
offendere	offenser
offeso	offensé, vexé
soffrire	souffrir
la sofferenza	la souffrance
la pena	la peine
il dispiacere	le chagrin
il dolore	la douleur
il rimorso	le remords
rimpiangere	regretter
il rimpianto	le regret
l'infelicità	le malheur
infelice	malheureux
triste	triste
la tristezza	la tristesse
piangere (6)	pleurer
la lacrima	la larme
il singhiozzo	le sanglot
singhiozzare	sangloter
il sospiro	le soupir
sospirare	soupirer
il lamento	la plainte
lamentarsi	se plaindre
deludere	décevoir
la delusione	la déception
sconvolgere	bouleverser
sconvolto	bouleversé
spiazzato	désorienté

POUR ALLER PLUS LOIN

Attention à l'emploi du verbe ***dispiacere***, déplaire, dans l'expression ***mi dispiace***, je regrette : ***Mi dispiace non poterti accompagnare alla stazione***. Je regrette de ne pas pouvoir t'accompagner à la gare.
Ti dispiace veramente ? Tu regrettes vraiment ?
È spiacevole. C'est fâcheux, c'est regrettable.

● L'adjectif ***infelice***, malheureux, peut avoir également le sens de « handicapé » :
un bambino infelice, un enfant handicapé.
Il singhiozzo, le sanglot est également le hoquet.
a singhiozzi, par à-coups.
uno sciopero a singhiozzo, une grève perlée.
Chi ride il venerdì, piange la domenica. Tel qui rit vendredi, dimanche pleurera.

Etica e morale
Éthique et morale

Le qualità | *Les qualités*

la condotta	la conduite
comportarsi	se comporter
il bene	le bien
il male	le mal
la bontà	la bonté
buono	bon
affidabile	fiable, sûr, digne de confiance
tollerante	tolérant
la tolleranza	la tolérance
paziente	patient
la pazienza	la patience
sopportare	supporter
perdonare	pardonner
il perdono	le pardon
la fiducia	la confiance
fiducioso	confiant
comprensivo	compréhensif
generoso (1)	généreux
la generosità	la générosité
ubbidire	obéir
ubbidiente (2)	obéissant
sincero	sincère
degno	digne
dignitoso	digne (attitude)
onesto	honnête
l'onestà	l'honnêteté
fedele	fidèle
la fedeltà	la fidélité
la consolazione	la consolation
consolare	consoler
coraggioso	courageux
il coraggio	le courage
corretto	correct

EXPRESSIONS COURANTES

● ***i costumi*** sont les coutumes, les mœurs. On appelle familièrement la brigade des mœurs ***la Buon Costume*** (la « mondaine »).

È un uomo per bene.	C'est un homme comme il faut.
Abbia pazienza !	Excusez-moi !
Porta pazienza !	Prends patience !
Pazienza !	Tant pis !

● L'adjectif ***bravo*** se traduit différemment selon le contexte ; voici quelques exemples :

un uomo molto bravo	un homme très capable
Questo ragazzo è bravo in matematica.	Ce garçon est fort en maths.
Sii bravo ! (a un bambino).	Sois sage ! (à un enfant)
È un medico molto bravo.	C'est un très bon médecin.
un bravo cane da caccia	un bon chien de chasse
Bravo furbo !	Gros malin ! / C'est malin !
Sono brave persone.	Ce sont de braves gens.
Bravo ! Bis !	Bravo ! Bis !
Bene ! Brava !	(à une femme) Bien ! Bravo !

I difetti — *Les défauts*

il male	le mal
il vizio	le vice
la colpa	la faute
brutto	vilain
cattivo (3)	méchant
l'orgoglio	l'orgueil
orgoglioso	orgueilleux
vanitoso (4)	vaniteux
la vanità	la vanité
presuntuoso	présomptueux
la bugia, la menzogna	le mensonge
mentire, dire bugie	mentir
bugiardo	menteur
tradire	trahir
ingannare	tromper
imbrogliare	tromper, rouler
un imbroglione	un filou
la crudeltà	la cruauté
crudele	cruel
l'avarizia	l'avarice
avaro (5)	avare
l'egoismo	l'égoïsme
egoista	égoïste
la pigrizia	la paresse
pigro	paresseux
la vigliaccheria	la lâcheté
vigliacco	lâche
testardo	têtu
la testardaggine	l'entêtement
disordinato	désordonné
il disordine	le désordre
trasandato	négligé
la trasandatezza	le laisser-aller

POUR ALLER PLUS LOIN

Le bugie hanno le gambe corte. Les mensonges ont la vie courte. / Tout finit par se savoir. (Mot à mot : les mensonges ont les jambes courtes.)

Orgoglioso signifie aussi « fier » :
È orgogliosa di sua figlia. Elle est fière de sa fille.

● Deux traductions de « tromper » :
ingannare una persona, tromper une personne ;
tradire la moglie, il marito, tromper sa femme, son mari.

Attention à la différence entre ***testone*** et ***testardo*** :

È testone.	Il a la tête dure.
Che testone !	Quelle tête de mule !
È testardo.	Il est têtu.

L'attività intellettuale

L'activité intellectuelle

Il pensiero, la fantasia | La pensée, l'imagination

la mente	l'esprit	**ragionare**	raisonner
il pensiero	la pensée	**ragionevole**	raisonnable
pensare	penser	**l'idea**	l'idée
riflettere (1)	réfléchir	**il punto di vista**	le point de vue
la riflessione	la réflexion	**il concetto**	le concept
immaginare	imaginer	**il parere**	l'avis
la fantasia l'immaginazione	l'imagination	**l'opinione**	l'opinion
		l'atteggiamento	l'attitude
la memoria	la mémoire	**l'interesse**	l'intérêt
il ricordo	le souvenir	**interessante**	intéressant
ricordarsi	se souvenir	**interessarsi di** (2)	s'intéresser à
rammentare	rappeler	**credere**	croire
dimenticare	oublier	**il dubbio**	le doute
l'oblio, la dimenticanza	l'oubli	**dubitare**	douter
		esitare, tentennare	hésiter
il buon senso	le bon sens	**l'esitazione**	l'hésitation
la ragione	la raison	**sospettare** (3)	soupçonner

POUR ALLER PLUS LOIN

- ***La fantasia*** est aussi la rêverie, l'invention, la fantaisie, le caprice :
Questa è una tua fantasia. C'est une de tes inventions.
Mi è venuta la fantasia di partire. Il m'a pris la fantaisie de partir.
- ***Pensare*** se construit avec la préposition ***di*** quand il est suivi d'un infinitif :
Penso di partire alle 6. Je pense partir à 6 heures. / Je pense que je partirai à 6 heures.
- ***Non ne ho la più pallida idea***. Je n'en ai pas la moindre idée.

Attention ! Ne confondez pas ***senza dubbio***, sans aucun doute, certainement, à coup sûr avec ***forse***, « sans doute », « peut-être » :
Forse è partito. Il est sans doute parti. / Il est peut-être parti.
Verrà senza dubbio. Il viendra sans aucun doute.

L'intelligenza, la conoscenza | *L'intelligence, la connaissance*

il genio	le génie
il talento	le talent
il dono	le don
intelligente	intelligent
furbo	malin
astuto, scaltro (4)	rusé, habile
saggio (5)	sage
la saggezza	la sagesse
spiritoso	spirituel
buffo	drôle
capire	comprendre
il sapere	le savoir
la conoscenza	la connaissance
concepire	concevoir
rendersi conto	se rendre compte
imparare, apprendere	apprendre
conoscere	connaître
la conoscenza	la connaissance
l'esperienza	l'expérience
stupido	bête
la stupidaggine	la bêtise
sbagliare, sbagliarsi	se tromper
confondere	confondre
la confusione	la confusion, le désordre
giudicare	juger
il giudizio	le jugement
il pregiudizio	le préjugé, le préjudice

POUR ALLER PLUS LOIN

Sbagliando s'impara. C'est en forgeant qu'on devient forgeron.

Questa storia non mi va a genio. Cette histoire ne me plaît pas.

- « se tromper » se dit ***sbagliare*** ou ***sbagliarsi*** :
Ho sbagliato i conti. Je me suis trompé dans mes comptes.
Ho sbagliato strada. Je me suis trompé de route.
Se non mi sbaglio, è partito. Si je ne me trompe pas, il est parti.
sbagliare di grosso, se tromper lourdement.
- « Apprendre », dans le sens d'enseigner, se dit ***insegnare : Mio cugino mi ha insegnato a nuotare***. Mon cousin m'a appris à nager.
- « Apprendre » dans l'expression « apprendre une nouvelle » se dit ***sapere, venire a sapere : Ho saputo che eri a Milano.*** J'ai appris que tu étais à Milan.

Tesi e antitesi | *Thèse et antithèse*

essere d'accordo	être d'accord
l'accordo	l'accord
non essere d'accordo	ne pas être d'accord
il disaccordo	le désaccord
spiegare	expliquer
la spiegazione	l'explication
supporre	supposer
la supposizione	la supposition
negare	nier
il diniego, il rifiuto	la dénégation, le refus
rifiutare	refuser
argomentare	argumenter
l'argomento	l'argument, le sujet
ammettere	admettre
accettare	accepter
presumere	présumer
convincere	convaincre
la convinzione	la conviction
persuadere	persuader
la persuasione	la persuasion
consigliare	conseiller
il consiglio	le conseil
giustificare	justifier
indovinare	deviner
confondere	confondre
primordiale	primordial
rilevante, notevole, importante	important
per esempio	par exemple
fuori luogo	déplacé
la sintesi	la synthèse
sintetizzare	synthétiser, résumer
la dialettica	la dialectique
concludere	conclure
la conclusione	la conclusion

POUR ALLER PLUS LOIN

- *Vero* s'emploie dans le sens de « n'est-ce pas ? » :
È stato eletto, vero ? Il a été élu, n'est-ce pas ?
- Quelques mots de liaison :

da una parte/d'altra parte	d'une part, d'autre part
d'altronde	d'ailleurs
ad ogni modo, comunque	de toute façon
infatti	en effet
difatti, in effetti	en fait
inoltre	en outre
però	mais, cependant
eppure	et pourtant
anzi	au contraire, même

I francesismi — *Les gallicismes*

Parmi les expressions et les mots français repris par la langue italienne, certains sont restés tels quels : ce sont des **emprunts**.
D'autres ont pris un sens différent ou ont été italianisés (orthographe et prononciation), donnant naissance à des **gallicismes**. Dans la liste ci-dessous, nous en citons les plus courants.

abat-jour, lampe avec abat-jour
à la coque
à la page
amateur
beige
bijou, bijou fantaisie
bigiotteria, bijouterie fantaisie
bistrot
blasé
bon ton
bouquet
boutique, boutique de vêtements chic
bricolage
brioche, « viennoiserie »
buffet, buffet (de réception)
bureau, burò, bureau de l'hôtel
cabaret
cachet, comprimé ; shampooing colorant
camion
carillon
champignon, champignon de Paris
chance
chantilly
lo chauffeur
lo charme
lo chef, cuisinier
lo chèque
lo chemisier, la robe-chemisier
lo chic
chiccoso, très chic
chiffon, voile de mousseline
lo chignon
lo choc
collant
collier
confort
consommé
cotillon, serpentins, confettis, mirlitons
couturier
il crème caramel
crèpe
croissant
cul de sac
décolleté, décolleté ; escarpin
défaillance
d'emblée
démodé
dépendance
dépliant
déshabillé
dessert
dossier
double face, réversible
éclatant, éclatante
élite
en passant
entourage
épater le bourgeois
équipe, équipe médicale
exploit
fard
flûte, verre à champagne
forfait
forfettario, forfaitaire
foulard
frappé, milk-shake
gaffe
garage
gilet, gilè
habitué
hôtel

impasse
madeleine, madeleinette
maître, maître d'hôtel
marron glacé
mèche, un « balayage »
mignon, petit, miniature
pasticceria mignon, petits fours
moquette
mousse, mousse au chocolat, mousse de foie
naïf, art naïf
nonchalance
nouvelle cuisine
panne
papillon, nœud papillon
pardon !
parquet
parterre, parterre de fleurs ; parterre de personnes
passe-partout
pâté
peluche
pensée, pensée (fleur)
performance
physique du rôle
un pied-à-terre
pochette
à pois
pot-pourri
prêt-à-porter
rococo
roulette
roulotte, caravane
routine
routiniero, routinier
sabot
salopette
secrétaire, secrétaire (meuble)
soufflé
souvenir
stage
tailleur, tailleur (vêtement)
la toilette, les toilettes
tour de force
tout court
trait d'union, intermédiaire
fare da trait d'union, servir d'intermédiaire
tran tran, train-train
trousse
viveur
voyeur
voyeurismo, voyeurisme

POUR ALLER PLUS LOIN

Signalons que beaucoup de mots qui concernent le vocabulaire de la danse classique sont empruntés au français : ***plié, grand plié, arabesque, tendu, jeté, penché, pirouette, en dehors, en dedans, rond de jambe, fouetté, porteur,*** etc.

Imprimé en France par EMD S. A. S. – 53110 Lassay-les-Châteaux
Dépôt légal 41e éd. : septembre 2002 – Dépôt légal : mai 2006
N° de projet : 10134279 – N° dossier : 15455